河南省中等职业教育规划教材
河南省中等职业教育校企合作精品教材

美容科学与应用（初级）

河南省职业技术教育教学研究室　编

电子工业出版社

Publishing House of Electronics Industry

北京·BEIJING

内 容 简 介

本书是"美容科学与应用"系列丛书之一。全书共分 5 篇，比较全面地概括了美容的相关概念、美容医学知识、化妆品及美容仪器、美容技能和美容院经营管理，这 5 篇相辅相成，既注重中职院校学生理论知识的学习，也注重专业技能的掌握。真正实现了理论指导实践，实践提高理论的宗旨。

本书可作为职业院校美容美体专业及相关专业的教学用书，也可作为美容师职业资格考试的参考书目，还可作为从事美容行业从业人员的参考资料和培训用书。

本书还配有电子教学参考资料包（包括电子教案、技能视频等），详见前言。

图书在版编目（CIP）数据

美容科学与应用：初级 / 河南省职业技术教育教学研究室编 . — 北京：电子工业出版社，2015.8
河南省中等职业教育规划教材　河南省中等职业教育校企合作精品教材
ISBN 978-7-121-26948-6

Ⅰ.①美… Ⅱ.①河… Ⅲ.①美容—中等专业学校—教材 Ⅳ.① TS974.1

中国版本图书馆 CIP 数据核字（2015）第 192317 号

策划编辑：徐　玲
责任编辑：徐　磊
印　　刷：北京虎彩文化传播有限公司
装　　订：北京虎彩文化传播有限公司
出版发行：电子工业出版社
　　　　　北京市海淀区万寿路 173 信箱　邮编 100036
开　　本：787×1 092　1/16　印张：13.75　字数：352 千字
版　　次：2015 年 8 月第 1 版
印　　次：2025 年 2 月第 27 次印刷
定　　价：55.00 元

凡所购买电子工业出版社图书有缺损问题，请向购买书店调换。若书店售缺，请与本社发行部联系，联系及邮购电话：（010）88254888，88258888。

质量投诉请发邮件至 zlts@phei.com.cn，盗版侵权举报请发邮件至 dbqq@phei.com.cn。

本书咨询联系方式：xuling@phei.com.cn。

河南省中等职业教育校企合作精品教材

出 版 说 明

为深入贯彻落实《河南省职业教育校企合作促进办法（试行）》（豫政[2012]48号）精神，切实推进职教攻坚二期工程，我们在深入行业、企业、职业院校调研的基础上，经过充分论证，按照校企"1+1"双主编与校企编者"1：1"的原则要求，组织有关职业院校一线骨干教师和行业、企业专家，编写了河南省中等职业学校美容美发专业的校企合作精品教材。

这套校企合作精品教材的特点主要体现在：一是注重与行业联系，实现专业课程内容与职业标准对接，学历证书与职业资格证书对接；二是注重与企业的联系，将"新技术、新知识、新工艺、新方法"及时编入教材，使教材内容更具有前瞻性、针对性和实用性；三是反映技术技能型人才培养规律，把职业岗位需要的技能、知识、素质有机地整合到一起，真正实现教材由以知识体系为主向以技能体系为主的跨越；四是教学过程对接生产过程，充分体现"做中学，做中教"、"做、学、教"一体化的职业教育教学特色。我们力争通过本套教材的出版和使用，为全面推行"校企合作、工学结合、顶岗实习"人才培养模式的实施提供教材保障，为深入推进职业教育校企合作做出贡献。

在这套校企合作精品教材编写过程中，校企双方编写人员力求体现校企合作精神，努力将教材高质量地呈现给广大师生，但由于本次教材编写是一次创新性的工作，书中难免存在不足之处，敬请读者提出宝贵意见和建议。

河南省职业技术教育教学研究室
2015 年 5 月

河南省中等职业教育校企合作精品教材

编写委员会名单

主　　编：尹洪斌

副 主 编：董学胜　黄才华　郭国侠

成　　员：史文生　宋安国　康　坤　高　强

　　　　　冯俊芹　田太和　吴　涛　张　立

　　　　　赵丽英　胡胜巍　曹明元

美容科学与应用是专门针对中等职业学校美容、美体及相关专业编写的综合教材，集美容、美体所必须掌握的专业知识和专业技能为一体，填补了中等职业学校美容、美体专业专业教材的空白。

该教材是应河南省教育厅的号召，在郑州风铃美容服务有限公司和河南省商务中等学校，校企合作、深度融合五年的基础上联合开发的专业教材，该教材集中体现了美容企业专业人士和学校教育专家的心血，以及校企合作多年积累的经验；该教材不仅适用于中等职业学校学历教育美容、美体专业的学生使用，也可作为教师参考用书；教材内容还涵盖了美容师资格证书考试的相关内容，对美容从业人员也是很好的指导教材。

该系列教材有以下特点。第一，综合性强。本教材充分综合美容师必须掌握的理论知识与职业技能，每学年学生只需这一本综合教材即可完成专业学习。第二，循序渐进。本系列教材共计三本，即初级美容科学与应用、中级美容科学与应用、高级美容科学与应用。针对中职学生的学习特点，该三本教材采取螺旋式篇章升级的形式进行编写，即三本篇章主题相同，只是难度逐步上升，便于学生由浅入深，逐步完成从培养学习兴趣到掌握专业知识和技能的目标，旨在为该专业的学生建立正确的知识框架体系，便于日后进一步提升。第三，理论与实践相结合。本教材坚持理论必须指导实践，不能指导实践技能的理论不讲，实践技能也必有理论依据，即学生不能只掌握技能而不理解支撑技能运用的理论基础。因此，该套教材既能指导理论授课，又可辅导技能练习，真正做到美容专业的学生一本在手，轻松学习。第四，插图和视频有效指导技能练习。本书采用大量插图，并为相关美容技能拍摄了视频，视频根据技能分为小的段落，便于在授课或自学过程中反复观看，指导学习。

本书由张士平、胡胜巍主编，蒋东霞、侯丽、李颜副主编，杨春霞、高彩云、刘君玲、杨韩丽、苗艳、方霞、千子君、王华蕾、贾珅等参编，郑州风铃美容服务有限公司的部分企业专家也参与了编写。

为保证本书的编写质量，编委会参阅了大量的国内外与美容相关的教材和指导用书，也得到了社会各界及领导部门的大力支持，在此谨向所引用著作的作者，向广大同人的支持表示由衷的感谢，还要特别感谢帮助拍摄插图和视频的各位摄影专家和配合的工作人员，是你们的辛勤付出、不辞劳作为本书增添了光彩。

本教材建议学时 800 个课时，其中授课 325 个课时，技能实训 475 个课时，具体分配建议如下表所示：

学时分配表

篇章	篇目	内容指引	课时	
			授课	实训
第一篇	美容概述	引导学生对美容产业、美容企业、美容发展史和美容师有一个整体认识	30	0
第二篇	美容医学知识	介绍与美容相关的基本医学知识，如人体生理解剖常识、人体皮肤生理常识等	135	35
第三篇	化妆品及美容仪器	介绍美容化妆品基础和美容仪器	25	5
第四篇	美容技能	介绍美容按摩、面部皮肤护理、身体皮肤护理、修饰美容等（实操为主）	100	400
第五篇	美容院经营管理	介绍美容院经营环境、美容院的人员架构与制度、美容院的接待与咨询	35	35
合　计			325	475

为了方便教师教学，本书还配有电子教案和教学指南等。请有此需要的教师登录华信教育资源网下载或与电子工业出版社联系，我们将免费提供（E-mail:hxedu@phei.com.cn）。本书还配有技能视频，可通过扫描文中二维码直接观看。

由于教材编写时间较短，编者水平有限，难免有疏漏之处，特别欢迎读者提出宝贵意见和批评，以便日后修订提高。

《美容科学与应用（初级）》编　者
2015 年 6 月 4 日

目　　录

第一篇 美容概述

第一章 美容的基本概念

> **本章学习目标**
>
> 1. 了解美容产业的发展和现状
> 2. 了解美容产业发展的基本特征
> 3. 掌握美容院经营场所布局

第一节 美容产业概述

一、美容概念

美容一词，最早源于古希腊的"kosmetikos"，意为"装饰"。从中文字面意思来看，美容一词可以从两个角度来理解。首选是"容"这个字，其次是"美"。"容"包括容貌、仪态、修饰三层意思。"美"则具有形容词和动词的两层含义。形容词表明的是美容的结果和目的，是美丽、好看的意思；动词则表明的是美容的过程，即美化和改变的意思。美容不仅是一门艺术，还是一门哲学。它以"人"为本，研究和诠释宇宙最宝贵的东西。

与美容相关的学科从宏观上讲，包括美学、文学、医学、营养学、色彩学、化学、物理学、心理学等各类专业知识；从微观上讲，包括化妆、护理、整形、保健、发型、服饰、礼仪等技术。

二、美容产业

1. 美容产业的发展和现状

中国的美容行业起步于20世纪80年代中期，发展于90年代中期，到目前为止，已经经过了近三十个年头。期间，美容行业经历了行业初创、摸索发展和逐步规范的过程，市场规模由小到大，从业人员由少到多，产业链条从单一到复杂。如今已涌现出大量的化妆品品牌和美容企业品牌，而美容产业也逐步形成包括美容、美发、化妆品、美容机械、教育培训、专业媒体、专业会展和市场营销等八大领域在内的综合服务流通产业。目前，中国美容美发化妆品需求量已超过日韩，居亚洲第一，在世界范围内仅次于美国、法国，排名第三位。由于中国人口多、需求量大，按照人均需求，中国的美容化妆品业还具有巨大的发展空间，未来市场非常乐观。中国美容业正在成为继房地产、汽车、电子通信、旅游之后的第五大消费热点，具有良好的行业发展前景和巨大的发展空间。伴随着高科技在美容领域的广泛使用，行业从业人员的学历水平越来越高，薪酬待遇也高于其他产业，逐步形成"高科技、高学历、高收入"的"三高"局面。

2.美容产业的作用

美容产业担负着引导消费、促进生产、繁荣经济、活跃市场的重任，并能满足广大消费者对自身形象不断完美的需求，与其他服务性行业共同在国民经济中起着举足轻重的作用。

（1）引导和促进消费，提高人民生活质量，促进经济发展。

伴随着中国经济改革的逐步深入，人们的生活水平日益提高，人们对美的追求也日益升温。美容产业对于提高人们的生活质量、满足消费者丰富多样的心理需求、满足社会上越来越复杂的个性化消费需求均发挥着积极作用。与此同时，美容产业蓬勃发展，从化妆品生产、销售、美容院服务、美容相关教学和培训到美容专业展会等，都在很大程度上促进了国民经济的发展。

（2）创造就业机会，提高就业率。

随着美容产业的发展，美容从业人员的数量也与日俱增。而美容产业的逐步细分意味着美容产业对更多数量和更高质量的从业人员的需求逐渐加大。

（3）促进第三产业发展。

美容产业中除生产性企业外，多数企业的服务以独立环境和人工服务为主，具有可持续发展的特点。同时美容产业吸纳了大量的农村剩余劳动力，为农业产业结构升级和机械化水平的提高奠定了基础。美容产品和相关水、电、房产等配套资源和设施的消耗，也促进了第二产业的发展，而美容企业本身创造的财富还增加了第三产业产值比重，有助于优化我国的国民经济产业结构，更是我国实现可持续发展的重要内容和保证。

（4）促进国际交往。

随着中国改革开放程度的日益加大，美容产业对外交流也日益增加。无论是学术交流、人员交流，还是行业大赛，都对促进国际交流起到了积极作用。我国的美容产业的发展速度和技术水平也随着交流的增加而日益提升，并不断地向国际水平靠拢。

相关链接

【产业结构】

第一产业　农、林、牧、渔业。

第二产业　采矿业，制造业，电力、燃气及水的生产和供应业，建筑业。

第三产业　第一、二产业外的其他行业，包括：交通运输、仓储和邮政业；信息传输、计算机服务和软件业；批发和零售业；住宿和餐饮业；金融业；房地产业；租赁和商务服务业；科学研究、技术服务和地质勘察业；水利、环境和公共设施管理业；居民服务和其他服务业；教育业；卫生、社会保障和社会福利业；文化、体育和娱乐业；公共管理和社会组织。

美容产业属于第三产业。

3. 美容产业发展的基本特征

（1）美容产业发展呈现产业化、规模化。

经过几十年的发展，如今中国的美容产业已逐步形成包括美容、美发、化妆品、美容机械、教育培训、专业媒体、专业会展和市场营销等八大领域在内的综合服务流通产业。在各个领域中也逐步涌现出领头企业和龙头品牌，并形成连锁经营模式，单店模式逐步被取代。

（2）美容产业发展逐步规范。

中国美容产业的发展非常迅速，从早期店面装修简单、技术设备产品单一，到目前的装修规范、技术设备产品与国际接轨，以及从业者的素质和结构都发生了巨大的变化。无论是产品研发和销售，还是美容店面的服务技术都逐步建立了相应的规范和标准，产业的发展逐步细分并规范。

（3）美容产业发展空间巨大。

由于中国美容产业极少有国营资本介入，几乎是完全意义的市场化运作，伴随着中国国民经济的快速发展，人们对美的追求意识不断加强，高度竞争下的市场化运作和巨大的市场需求，都使得美容产业发展空间巨大。

（4）美容产业发展走向国际化。

随着中国加入 WTO，美容产业的国际化发展得到了切实的体现，产业中呈现出国内外双向互动、渗透日益宽泛和频繁的现象。

（5）美容产业发展逐步具备自律性。

随着美容产业的逐步发展，社会对美容产业认知的逐步成熟，更多具有良好素质的从业者进入美容产业，健康观念和对美容事业执着追求的信念取代了单纯赚钱的想法。大批在美容产业的有志之士自觉自愿地成为各地、各级行业协会的发起人和组织者，强化了行业的自律性。

（6）美容产业发展具有可持续性。

随着国内经济的稳步增长和人们生活水平的不断提高，人们对美的追求日益强烈，使国内美容产业获得了稳定的可持续发展的基础。同时，美容产业在管理水平、技术水平上已积累了相当丰富的经验，越来越多的高素质人士和专家学者也加盟到美容产业中，这些都成为美容产业可持续性发展的重要支撑力量。

三、美容企业

在国民经济中，凡是专门从事美容产品销售和服务，提供美容服务项目，将与美容相关的业务作为核心业务的生产、服务、流通企业，均称为美容企业。美容企业与其他企业一样，需要有合法的经营手续，为自身的经济行为承担相应的法律责任；企业自主经营，独立核算，自负盈亏；因此，只有当具备一定的物质基础和技术管理水平时，企业方可正常运转，达到企业盈利的目的。

（1）按照企业的经营范围分类　可分为经营专门项目的美容企业，如减肥店和综合型美容企业，综合型美容企业通常同时经营多种与美容相关的业务，如既有生产，也有销售和服务。

（2）根据经营企业的组织形式　美容企业可分为直营连锁、自由连锁和特许连锁。

（3）美容企业可根据经营规模　可分为大型企业、中型企业和小型企业。

（4）根据美容企业所从事的经营领域不同　可分为生产型企业、服务型企业和贸易型企业。

第二节　美容院的概念

美容院是为人们提供美容护理、皮肤保健、水疗等服务项目的美容服务场所。一般有美容院、女子会所、水疗馆等几大类。

一、美容院经营场所布局

1. 前厅接待区	顾客接待、迎送、服务结算区域。
2. 顾问间	顾客咨询、美容顾问讲解及专家咨询区域。
3. 产品调配区	服务所用产品科学、规范、卫生调配使用区域。
4. 顾客休闲区	顾客饮茶、简餐、聊天、休息的区域。
5. 更衣间	私密更衣、贵重物品存放区域。
6. 淋浴区	干、湿沐浴，水疗区域。
7. 美容护理操作室	美容护理项目操作区域。
8. 员工休息室	美容院工作人员休息、学习区域。
9. 卫生间	干净、人性化区域。
10. 设备间	美容院相关设备，如热水器、储水罐等的储存区域。

二、美容院服务项目

美容院的服务项目种类繁多，分类方法各不相同。按照护理的目的可分为美容类项目和养生类项目。美容类项目包括面部项目、身体项目。

1. 美容项目按身体部位分类

（1）面部护理（包括面部美容、唇部护理、眼部护理等）

（2）肩颈护理（包括肩颈放松、肩颈淋巴排毒等）

（3）身体护理（包括经络减压、肝胆松筋、芳香开背、健胸等）

（4）手部护理（包括手部常规保养）

（5）足部护理（包括足部放松按摩）

2. 美容项目按护理效果分类

（1）基础护理（补水、保湿护理等）

（2）功效护理（美白、淡斑、祛皱、祛痘等）

（3）美体类护理（丰胸、美腿、塑形等）

（4）修饰类护理（美甲、身体脱毛、植眉等）

3. 养生项目

　　随着民众对生活质量和健康水平的要求日益提高，人们开始注重养生、预防疾病，尤其是现代人工作生活压力大，有很多人处于亚健康的状态，而中医养生理论正好合乎世人的需求，美容院的养生项目应运而生，成为如今美容院最热门的项目。

（1）四季五行脾胃调理（中医认为"四季脾旺不受邪"，即脾胃功能强的人抵抗力强，不易生病）

（2）古式三焦调理（通过三焦而输送到五脏六腑，充沛于全身）

（3）带脉塑型理疗（改善由于气血不畅所造成的腹部臃肿、变形，以及女性的带下量多、月经不调、腰酸无力等症状）

（4）全息双通（背部拔罐阴阳平衡调理）

（5）泰式 SPA 全身护理

第二章　美容师

> **本章学习目标**
>
> 1. 掌握美容师的日常工作内容及职业技能要求
> 2. 了解美容师的语言、形象及举止要求
> 3. 掌握美容师的职业道德
> 4. 掌握美容师应具备的良好的道德行为

第一节　美容师概述

一、美容师的定义

美容师是对从事美容领域的专业人士的职业称谓，主要工作在美容院及能为顾客提供美容服务的场所，工作职责是为顾客提供美容服务，如面部清洁、保养、按摩、香薰和减肥等皮肤护理工作。从业人员多为女性。

美容师是除医生之外，唯一接触顾客身体的专业人士，因此美容师的责任相当重大。美容师在为顾客提供护肤、美体及化妆服务的同时，也为顾客提供皮肤保养的正确方法，并传播正确的护肤常识，起到咨询讲解的作用，同时也是顾客的生活顾问（生活信息的提供、情绪的纾解等）。

"美容师"是国家劳动部职业名录上的正式职业，有级别考试的体系。基本分为五个级别：初级美容师、中级美容师、高级美容师、技师和高级技师。

二、美容师的工作内容及职业技能要求

1. 皮肤护理

要求美容师能对全身皮肤进行护理，能根据皮肤的特点选用保养品，能指导顾客对全身皮肤进行养护、保健。

2. 化妆

能绘制生活妆容及舞台妆容。

3. 修饰美容

纹绣，即要求美容师能够根据顾客的脸型及年龄、皮肤物质、职业等客观因素，设计出自然的眉形、睫毛线；能运用多种绣技手段进行纹饰洗修；能指导他人进行纹饰洗修，并能处理纹后皮肤异常反应。脱毛，即要求美容师能运用多种脱毛手段给顾客进行脱毛。

4. 美体

要求美容师能指导他人对各种类型的体形进行分析；能指导他人对各类体形的减肥健胸选择最佳方法；能指导他人减肥健胸后的保健辅导及多种美体方法。

5. 培训指导

培训指导初、中、高级美容师学习美容基本知识，能定期接受新技术培训，并能熟练运用一些新技术进行操作，能掌握国内外美容发展趋势及新技术、新方法。

6. 经营管理

要求美容师能掌握一定的营销策划及店务管理技能。

三、美容师的职业素养要求

1. 专业知识水平

（1）了解美容科学及美容产业，如美容概论及行业趋势等。

（2）掌握相应的美容医学知识，如皮肤构造、人体器官等相关常识，能正确判断客户的皮肤类型。

（3）了解化妆品及护肤品的功能和成分，掌握美容仪器的工作原理。

（4）了解并掌握美容店面的美容项目，可以科学地为客户选择化妆品和美容项目。

（5）了解美容院的基本人员架构和管理系统。

（6）掌握基础的客户心理需求。

2. 专业技能水平

（1）面部及身体的护理手法。

（2）简单的修饰美容技术和基础化妆技术。

（3）美容仪器的使用。

（4）熟练掌握不同护理项目的护理流程。

（5）能够为顾客清晰地说明护理流程，并为不同的客户选择和介绍护理产品及护理项目。

四、美容师的语言、形象及举止要求

1. 语言要求

（1）语气：多用请求式、商量式的委婉语气，体现对顾客的尊重。

（2）语音：清晰，表达出喜悦、友善等情感。

（3）语调：柔和悦耳，表达出亲切、热情、真挚、友善、谅解的情感及性格，切忌使用枯燥无味的语调。

（4）语速：不应过快，节奏要控制得当。

（5）目光：应坦然、亲切、友好、和善。

2. 美容师形象及举止要求

（1）清洁习惯：身体、头发清洁，无异味。指甲修剪到位，无彩色甲油。

（2）口腔卫生：经常刷牙，餐后口内无异味。

（3）着装：工装整洁、合体，鞋子舒适，走路无噪声，勤换袜子，无异味。

（4）化妆：淡妆上岗，长发必须束起。

（5）姿势：标准的站姿、坐姿、护理操作姿势。

（6）态度亲切：表达令人愉快的情绪，随时微笑迎人。

相关链接

正确的站姿　左脚打开45度→右脚跟对准左脚足背→以脚掌承受重量→收小腹→肩膀向后→抬头挺胸。需长期站立者，一脚稍微向前，较容易保持身体的平衡。

正确的坐姿　脚顺着膝盖→小腿与大腿成90度→以大腿承受全身的重量→上身保持挺直→两膝并拢微侧。

正确的走姿　轻而稳，胸要挺，头要抬，肩放松，两眼平视，面带微笑，自然摆臂。

正确的操作姿势　站立时，脚呈弓箭步，放松肩膀，上半身挺直。坐姿操作时，除上述外，大小手臂成直角，放松肩膀，上半身挺直。

五、美容师资格等级及报考条件

美容师资格证分为三个等级，每个等级要求都不同。

1. 初级美容师申报条件

（1）在本工种连续工作二年以上。

（2）在本工种学徒期满。

（3）经正规初级美容师技能培训，取得毕（结）业证书。

具备上述条件之一，可申报初级美容师。

2. 中级美容师申报条件

（1）在本工种连续工作五年以上。

（2）取得本工种初级《技术等级证书》后，在本工种工作三年以上。

（3）取得本工种初级《技术等级证书》后，经正规中级美容师技能培训，取得毕（结）业证书。

具备上述条件之一，可申报中级美容师。

3. 高级美容师申报条件

（1）在本工种连续工作十年以上。

（2）取得本工种中级《技术等级证书》后，在本工种工作五年以上。

（3）取得本工种中级《技术等级证书》后，经正规高级美容师技能培训，取得毕（结）业证书。

具备上述条件之一，可申报高级美容师。

第二节　道德及职业道德概述

一、道德的定义

道德是社会意识形态之一，是人们共同生活及其行为的准则和规范，是以宇宙之理制定的，顺理则为善，违理则为恶，以善恶为判断标准，不以人的意志为转移。道德是由人类对客观世界的不断探索而形成的明灯，可以促进社会和谐，使时代不断进步。道德标准具有社会普遍性，即在一定的阶段社会大众对待道德的基本组成内容和标准设定具有一定的共识。

二、职业道德的定义

职业道德是同人们的职业活动紧密联系的，符合职业特点所要求的道德准则、道德情操与道德品质的总和，既是本职人员在职业活动中的行为标准和要求，同时又是职业对社会所担负的道德责任与义务。

职业道德是指人们在职业生活中应遵循的基本道德，即一般社会道德在职业生活中的具体体现，是职业品德、职业纪律、专业胜任能力及职业责任等的总称，属于自律范围，通过公约、守则等对职业生活中的某些方面加以规范。

职业道德既是本行业人员在职业活动中的行为规范，又是行业对社会所担负的道德责任和义务。

三、良好的职业道德修养

良好的职业修养是每一个优秀员工必备的素质，良好的职业道德是每一个员工都必须具备的基本品质，这两点是企业对员工最基本的规范和要求，同时也是每个员工担负起自己的工作责任所必备的素质。

每个员工都应符合职业道德修养要求的职业习惯，即具备良好的职业道德修养和职业道德。

1. 提前到岗

每天提前到岗，准备好完成当天工作必备的工作条件，调整好需要的工作状态，保证准时开始一天的工作。

2. 做好环境卫生工作

做好工作环境的卫生清洁，并保证工作环境一天的整洁有序，保持良好的工作心态。

3. 工作有计划

提前做好工作计划，有条不紊地开展每天、每周、每月等每个周期的工作，这有利于保证工作的质和量。

4. 开会学习有记录

及时记录必要的工作、学习信息，有助于日常工作的顺利开展，以及个人工作能力的提高。

5. 遵守工作纪律

工作纪律是为了保证正常工作秩序、维持必需工作环境而制定的，有利于工作效率的提升，更有利于工作能力的提高。每个员工都必须严格遵守。

6. 工作有总结

及时总结每天、每周、每月等阶段性工作中的得与失，及时调整自己的工作习惯，总结工作经验，不断完善工作技能。

7. 向工作上级汇报工作

及时向工作上级请示汇报工作，有利于工作任务的完成，可以在工作上级的指示中学习到更多工作经验和技能，让自己得到提升。

职业习惯是职场人士根据工作需要，为了更好地完成工作任务，主动或被动地在工作过程中养成的工作习惯，也是保证工作任务和工作质量必须具备的品质。良好的职业习惯是出色完成工作任务的必要前提，如果不具备良好的职业习惯就不能按照要求完成各自的工作。所以每一个人都需要拥有一个良好的职业习惯。

四、职业道德的社会作用

职业道德是社会道德体系的重要组成部分，它一方面具有社会道德的一般作用，另一方面又具有自身的特殊作用，具体表现在以下几个方面：

1. 调节职业交往中从业人员内部以及从业人员与服务对象间的关系

职业道德的基本职能是调节职能。它一方面可以调节从业人员内部的关系，即运用职业道德规范约束从业内部人员的行为，促进从业内部人员的团结与合作，如职业道德规范要求各行各业的从业人员，都要团结、互助、爱岗、敬业、齐心协力地为发展本行业、本职业服务。另一方面，职业道德又可以调节从业人员和服务对象之间的关系。如职业道德规定了制造产品的工人要怎样对用户负责、营销人员要怎样对顾客负责、医生要怎样对病人负责、教师要怎样对学生负责，等等。

2. 有助于维护和提高本行业的信誉

一个行业、一个企业的信誉，也就是它们的形象、信用和声誉，是指企业及其产品与服务在社会公众中的信任程度。提高企业的信誉主要靠产品质量和服务质量，而从业人员职业道德水平高是产品质量和服务质量的有效保证。若从业人员职业道德水平不高，很难生产出优质的产品，也很难提供优质的服务。

3. 促进本行业的发展

行业、企业的发展有赖于高的经济效益，而高的经济效益源于高的员工素质。员工素质主要包含知识、能力、责任心三个方面，其中责任心是最重要的。而职业道德水平高的从业人员，其责任心是极强的，因此，职业道德能促进本行业的发展。

4. 有助于提高全社会的道德水平

职业道德是整个社会道德的主要内容。职业道德一方面涉及到每个从业者如何对待职业，如何对待工作，同时也是一个从业人员的生活态度、价值观念的表现；是一个人的道德意识、道德行为发展的成熟阶段，具有较强的稳定性和连续性。另一方面，职业道德也是一个职业集体，甚至一个行业全体人员的行为表现，如果每个行业，每个职业集体都具备优良的道德，对整个社会道德水平的提高肯定会发挥重要的作用。

五、职业道德的特点

1. 职业道德的稳定性和连续性

职业道德的特点，在于每种职业都有其道德的特殊内容。职业道德的内容往往表现为某一职业所特有的道德传统和道德准则。一般来说，职业道德所反映的是本职业的特殊利益和要求，而这些要求是在长期的反复的特定职业社会实践中形成的。有些是独具特色、代代相传的。不同民族有各具特色的职业生活方式，从事特定职业也有其特定的职业生活方式。这种由不同职业、不同生活方式长期积累逐渐形成的相对稳定的职业心理、道德传统、道德观念，以及道德规范、道德品质，则形成了职业道德相对的连续性和稳定性。比如，医生的宗旨是救死扶伤，军人要服从命令，商人则要诚信无欺，教师要为人师表，领导应以身作则，等等，这些均已是约定俗成的社会共识，已流传上千年。一般来说进入某个行业、从事某个职业，首先要学习掌握这一职业的道德，要遵守行约、行规。只有认真、规范地遵守这一职业道德的人，才是这一职业中的优秀人才。

2. 职业道德的专业性和有限性

道德是调节人与人之间关系的价值体系。鉴于职业的特点，职业道德调节的范围主要限于本职业的成员，而对于从事其他职业的人就不一定适用了。这就是说，职业道德的调节作用主要是：一、从事同一职业人员的内部关系；二、本行业从业人员同其服务对象之间的关系。

3. 职业道德的多样性和适用性

由于职业道德是依据本职业的业务内容、活动条件、交往范围，以及从业人员的承受能力而制定的行为规范和道德准则，所以职业道德就是多种多样的，有多少种职业就有多少种职业道德。但是，每种职业道德又必须具有具体、灵活、多样、明确的特点，以便员工记忆、接受和执行，并逐渐形成习惯。

第三节　美容师的职业道德与修养

一、美容师的职业道德

1. 美容师职业道德的概念

专业美容师在从事美容工作过程中，所应遵循的与美容职业活动相适应的行为规范，就是美容师的职业道德。美容是一门专业技术，也是一门艺术，美容职业更是一份高尚的职业，任何职业都有自己的行业要求和职业操守，职业道德就成了工作的基本要求。

2. 美容师应具备的良好的道德行为

（1）遵守国家法规及公司、美容院的各项规章制度；

（2）热爱本职工作，对职业有信心，乐于学习，健全心智，随时提供给顾客有关美的资讯与正确的美容观念；

（3）美容师的举手投足是专业的形象塑造，无论站立、走、坐都要保持面带微笑，时刻表现出端庄、和蔼的仪态；

（4）具有积极进取、乐观的态度，不断自我总结，提高工作效率，完善自我，形成良好的工作习惯；

（5）具有良好的职业道德观念，负责尽职。随时为每一位顾客提供周到、细致等高品质服务；

（6）良好的待客之道，每一位顾客都是贵宾。发生不愉快时，美容师要容忍有礼，绝对不可与顾客发生争论，切记"顾客永远都是对的"这一理念；

（7）与同事建立良好的人际关系，创造良好的工作氛围，不讲消极的话，不议论同事、顾客的隐私，不讲不利于公司、店面的话，不拉帮结派，不私用不属于自己的物品、财务等。

3. 美容师不应该有的行为

工作敷衍、言辞夸张、不负责任、言行不一等不良行为，对美容师自身的成长、美容师这一职业，甚至对整个美容界都会造成非常不利的影响。

二、美容师的职业修养

（1）美容师应勤奋好学，钻研美容及相关理论知识，不断充实提高理论水平，熟练掌握美容技术、美容产品、美容仪器等方面的理论知识。

（2）美容师应熟练掌握各项服务技能，严格遵守操作规则，一丝不苟地完成每一操作步骤，以此得到顾客的认可和信赖。

（3）美容师应具有较强的公关能力，能与顾客沟通感情，善于交陌生朋友，能运用高雅的职业谈吐了解顾客的心理需求，虚心听取顾客意见，不论在什么情况下都能以良好的形象出现在顾客面前，使顾客得到最好的服务，在宣传产品及各项服务等方面都能赢得顾客的认可和信赖。

（4）美容师在为顾客提供美容服务的同时，由于长时间与顾客相处，掌握一定的谈话技巧，也非常有必要。美容师与顾客较适合的谈话主题有流行服饰、发型、音乐、艺术、旅游、假期计划、书籍、讲座等，或者围绕着顾客的兴趣展开，尽量多了解顾客的兴趣所在。不适合谈论私人问题、经济状况、隐私、同事或公司情况，以及其他顾客状况等。交谈原则：少说多听，不背后论长道短，不要说粗话，说话简单易懂，不要和顾客争论。

（5）美容师应举止端庄大方，谈吐文明，表现出高雅的气质，待人亲切、诚恳、实在，注意个人修饰，服装整洁，妆面淡雅，处处能给客人营造愉快和谐的气氛。有集体观念，团结协作积极工作，注意美化服务环境，同事间能互相帮助，互相关心，互相谦让，互相学习，共同提高。

第三章　美容发展史

本章学习目标

1. 了解古代美容发展史
2. 文艺复兴时期美容的发展

第一节　中国美容发展史

中国拥有五千年的悠久历史和灿烂文化，是世界四大文明古国之一。人类自从步入文明社会以后，就没有一刻停止过对美好事物的向往和追求。美，是人类文明的重要体现，而美容是伴随着人类文明的发展而进步的。翻看历史古籍，几乎每个朝代都可以看见人们对美的追求，无论是在统治阶层的宫廷中，还是在寻常百姓的日常生活中，都有关于美容的记录。"窈窕淑女"形容形体美与姿态美，"浓妆艳抹""淡妆素裹"形容妆容美，种种记载的化妆、服饰，以及各种美颜护肤的秘方，都从不同角度反映了不同时代人们的审美情趣。美容发展史几乎贯穿于人类社会。

上古三代时期

上古三代时期，是中国宫廷美容的萌芽时期，也是中国美容史的开篇。相传殷纣王时代已经用红花汁凝脂装饰；"周文王敷粉以饰面""周烧铅锡做粉"等都真实地记录了美容护肤与帝王的切身联系，也反映出早期美容的发展得到了帝王将相的推波助澜。

春秋战国时期，诸子百家争鸣，群星灿烂、盛况空前，是中国古代史上光辉的一页，这一时期形成的学术和哲学思想成果对中国产生了深远的影响。虽然这一时期的诸侯国相互混战，社会很不稳定，但由于社会和文化的交流频繁，一定程度上促进了美容的发展。中国古代四大美女之首就是春秋时期的越国人西施。西施不仅有沉鱼落雁之美，还能歌善舞，体态优雅。春秋战国时期的四大公子：魏国的信陵君、齐国的孟尝君、赵国的平原君、楚国的春申君也都衣着讲究，对美学有着极高的造诣。在这一时期，"粉敷面""黛画眉"极为流行。

两汉时期

两汉时期，中国社会逐步由奴隶制社会转入封建社会，生产力得到初步发展，美容、美发技术在这一时期也得到了长足发展，水平也有所提高。从中国文字的记载上看，这一时期已经出现了"装饰""装扮"等字眼，美容也不再是宫廷权贵的特权，平民百姓中美容也开始普及，化妆用品也随之进一步发展，而且在这一时期就已经有了专门从事制作化妆品的人。广为人知的丝绸之路也在此时期建立，它促进了美容用品的交流，也促进了美容信息和技术的交流，对美容事业的发展起到了重要的推动作用。在马王堆一号墓西汉初长沙国丞相驮候利苍的妻子辛追随葬品中，香囊、香料和中草药的花椒、香茅、佩兰、桂皮等的出土最为引人瞩目，这表明当时美容化妆品的研制曾达到一定的水平。根据《史记》记载，西汉惠帝时，郎、侍中皆敷粉。到了东汉时期，苏合香由大秦国（波斯）进口，成为做香料不可或缺之物。在这个时期，面脂、粉等美容化妆用品，已经诞生和发展。

唐代时期

唐代著名的贞观之治、开元之治，造就了一个丰衣足食、国泰民安的盛唐治世。盛唐时期，文化繁荣，经济发达，国际交流广泛，人们日常生活中的美容和化妆在这一时期得到了长足的发展。从古籍善本记载的诗篇中可以看出，唐朝宫廷非常注重用粉敷面，以黛画眉。唐代著名诗人杜甫、白居易和李白都有诗句赞美四大美女之一的杨贵妃，"回眸一笑百媚生，六宫粉黛无颜色"的著名诗句中已用粉黛来隐喻美女，正是因为当时粉黛甚为流行。杨贵妃的美女形象反应了当时的审美情趣，唐代女子以丰腴为美，脸蛋圆润，妆容精致。唐玄宗李隆基（亦称唐明皇）令宫廷画工画十眉图，一曰鸳鸯眉（又名八字眉），二曰小山眉（又名远山眉），三曰五岳眉，四曰三峰眉，五曰垂珠眉，六曰月棱眉（又名却月眉），七曰分梢眉，八曰涵烟眉，九曰拂云眉（又曰横烟眉），十曰倒晕眉。除了各种眉形以外，各种妆容也在宫廷和民间流行开来。眉目之间贴花钿；面颊两旁用丹青、朱红点出如月形或钱形的"面靥"；有妇女用鸭黄的染料蘸水画在额上的"鸭黄"；当时面部化妆流行的有"白妆（以粉为主）""红妆（以胭脂为主）""啼妆（在白妆的基础上，不用红色，嘴唇改用乌膏，画愁眉，给人忧伤之感）""飞霞妆（面部薄薄施朱，以粉罩之）""北苑妆（在淡妆的基础上，将形状大小各异的茶油花籽贴在额上）"，等等。由于美容化妆品的广泛使用，不仅宫中佳人"雪肤花貌参差是"、"罗衣欲换更添香"，即使是农家妇女，也多是"邀人施脂粉"，认为"铅华不可弃"。随着宫廷中和社会上对美容化妆品需求的提高，人们已经不再是单纯的注重美容化妆术了，开始向养颜和调整皮肤生理机能方向发展，一些医家常常以入药的植物和动物的某些组织为原料，按比例配比成药，长期使用，收到较好的预防和治疗效果，这一时期的医学书籍收录了大量的美容配方。初唐医学家孙思邈编撰的《千金复方》中就记录了几十种治疗痤疮、雀斑和使肌肤润泽的方剂，孙氏收录的美容方多达一百多个，极大地推动了美容的发展。其后的《外台秘要》四十卷中，共记录美容方200余首，也说明了美容方剂在唐朝广为流行盛况。值得一提的是，面膜在唐朝已经出现。相传武则天曾炼益母草泽面，皮肤细嫩润滑；唐代的"嫩面"就是用薄纱贴面，再将云母等中草药、细粉和蜜均匀涂于面上；唐代宫廷中使用的面膜从名贵草药中提炼，用珍珠、白玉、人参等，并将其研磨成粉，配以藕粉一起调和，这类面膜不仅可以使皮肤白嫩光滑而富有弹性，还可以将毛孔深处的污垢和角质清除。

自五代、宋、金、元、明至清末约一千年的历史长河中，美容学科得到了充实和发展。这一段较长的历史时期，封建社会由鼎盛时期逐步走向衰落，资本主义开始萌芽。当时的生产力水平有一定的发展，但生活水平已经不及盛唐。美容化妆品的研制和应用主要局限于宫廷，美容理论有较多发展，方剂也有所增加。

宋代时期

宋代医书著作《太平圣惠方》中，作者陈昭遇、王怀隐等收集了宋太宗赵光义在藩邸时收集的首验方千余首，其中包括五代至宋初宫廷的美容化妆方剂。

元代时期

元代是历史上由蒙古人统治的朝代，该时期的美学标准多与汉人的美学标准不同。此时北方游牧民族的妇女盛行"黄妆"，就是用一种黄粉在冬季涂面，直到春暖花开才洗去。据说这种黄粉是用一种药用的植物的茎碾成粉末而制成的，涂上这层粉末可以抵御寒风砂砾的侵蚀，开春后洗去，皮肤显得细滑柔嫩。元代编纂的《御药院方》中搜集了许多金元及其以前的宫廷用方和美容化妆方剂。卷十洗面要门，列宫廷方25首，如御用洗面药、皇后洗面药等，代表了当时宫廷的美容水平。

明代时期

明代，大量的医学著作中都有关于美容方剂的记载。名医李时珍的《本草纲目》中记载了700多种既是药物又是食物、既营养肌肤又美化容颜的药方。明代医林状元龚廷贤所撰《鲁府禁方》中收集了鲁王府美容十三方。这些方剂中大胆适度地使用了铅汞之类的有毒药物，可谓选择美容方的进步之举。

清代时期

清代宫廷的美容方法集历代之大成，不仅注重外用化妆品的使用，同时也重视饮食营养，系列化的养颜康体方法逐步形成。乾隆皇帝曾经亲自过问肥皂香料之事，这样的现象在历史上极为罕见，由此可见清廷最高统治者对美容化妆品的重视。

近代时期

新中国成立以后，美容相关学科的发展为美容业的发展奠定了坚实的基础。医学、物理学、生物学、化学、营养学和遗传学的发展，使人们能够从多种学科、多个角度来研究和掌握皮肤及美容原理；对外交流的日益加强，也促进了美容科学和美容技术的快速发展。特别是改革开放以后，美容业的发展更是欣欣向荣，美容技术和美容仪器日新月异，人们对美的追求进入到历史的新篇章。

第二节　其他国家美容发展史

古埃及

古埃及是最早有意识地使用化妆品的国家。化妆术在古代埃及极为普遍，无论是在他们的日常生活中，还是在宗教仪式中，乃至死后的葬礼中都要化妆。古埃及人认为人死后有灵魂，死者应与生者一样需要美容化妆。考古学家从古埃及的墓葬中发现了染了指甲的木乃伊和各种与现代无太大差异的美容器具，如明晃晃的铜镜、做工精美的化妆盒、精致的梳子……从中可看出古埃及人对美容的偏爱。古埃及人极为重视身体的干净、肌肤的健康与美丽，他们以追求健康、爱好清洁而著称，因此沐浴就成了一种规矩，并且有着严格的沐浴程序。古埃及人在沐浴后要涂抹大量的香油、香膏，乃至香水。他们酷爱芳香制品，不断地从印度、阿拉伯等地收集天然香料，用来制造香水和化妆品。他们用动物油脂涂抹在皮肤上以防止皮肤干裂，抵抗炎热、干燥的气候。他们还用含有孔雀石成分的绿色、蓝色颜料描画眼睛，并画出长长的眼线，来保护眼睛和增强眼部的美感。他们还用散沫花做成腮红、口红和指甲油。古埃及人还用佩戴精巧的假发和头饰来提升体态、形象方面的美感。由此可见，古埃及已经拥有较高水平的美容技艺。

古埃及传奇美后涅菲尔蒂是法老王阿蒙荷特普四世的妻子，其端庄美艳闻名于世。为了将美丽永驻于世，她留下了一尊跟她真人一样大小的本人雕像。这尊雕像于1945年出土，1956年被安置在西柏林新建的博物馆中。从雕像上看，女王的眉毛、眼线和嘴唇都经过了美容修饰处理，由此可见，当时古埃及的美容技术曾经有过辉煌的历史。

古希腊

古希腊时代经济、文明都相当发达。公元前6世纪到公元前4世纪的希腊雅典的美育思想和美育活动，都对后世产生了深厚影响。古希腊人从古埃及人沐浴的方法中得到启发，修建了精美的浴室，他们还发明了修正发型、保养和美化指甲，以及保养皮肤的方法。面膜在古希腊时期就已经出现，当时的贵族把果实碾碎调成糊，制成面膜，用来保养面部皮肤。化妆术在古希腊时期也十分盛行，他们用白铅当面膏，用墨涂眼睛，用朱砂涂面颊和嘴唇。"美容术"这个词汇最早就出现在希腊文化中。

古罗马

古罗马沿袭了很多古希腊的习俗，也喜欢使用香料和化妆品。公元前454年，罗马人开始修面，白净无须成为风尚，并成为当今美容美发的标准。古罗马人从植物中提取香料并配置成香水，罗马妇女在沐浴时就将这种香水滴在洗澡水中，并用浸透香液的海绵来擦洗身体，沐浴后涂抹油脂来润滑肌肤。罗马人还发明了漂白和染发配方。古罗马人注重从天然的植物中摄取营养并制作美化肌肤、头发和指甲的化妆品。在古罗马时期，原始的美发师和美容师已经产生，贵族们拥有专门为他们提供美容美发服务的奴隶，普通市民也有可以理发的专门店面。在古罗马文化的古籍中，可以看到许多关于化妆品配方的文字，也可以查阅到许多赞美保养肌肤、讴歌洁身之美德的诗篇。

东方国家

东方社会有着漫长而光辉的保健美容史。美容是东方贵族阶层的生活艺术，他们注重化妆品的运用和化妆技术的提升。公元601年，高丽僧人把口红传到了日本，口红在18世纪初的日本被普遍使用，那时的日本女子为了加重口红的颜色，在涂口红前还先在唇上涂黑色。此外日本歌舞伎的化妆到目前为止还是一种错综复杂且具有高雅风格的艺术。在中东地区，妇女们早就有把眼睛涂抹成蓝黑色的习俗。时至今日，在某些伊斯兰国家，人们仍然可透过一些妇女薄薄的面纱，隐约可见眼睛浓妆艳抹。东方人以其华丽的服饰、精美的手工艺品、清洁的习俗和良好的健康习惯而闻名于世。

非洲国家

非洲人善于从自然环境中发现许多药用植物和美容原料。他们充满艺术气息的发型，精致复杂、别具一格，时至今日有些发型和服饰仍然十分流行。他们用自然界的多种颜色来修饰面部及身体，使皮肤健康而有弹性，非洲人对人类医药与艺术都有很大的贡献。

欧洲国家

中古时期（公元 476—1450 年）宗教在欧洲人的生活中扮演着极为重要的角色。妇女戴着塔状的头饰、梳着复杂精细的发型，并且很重视皮肤和头发的保养。流行在面颊和唇部涂抹色彩丰富的化妆品而眼部却不做任何化妆。在此期间，剃掉眉毛和额前发，是智慧的象征。此时，美容教学已经出现，只是美容学与医学同属一个范畴，包括在同一门课程里，不分开教授。至 16 世纪，美容和医学正式分为两门课程。

文艺复兴时期，美容被发扬光大。法国的宫廷御医编写了有关借助蒸汽浴保养身体的书籍，意大利医生也深入探讨了采用各种香料溶液来保持皮肤柔嫩细腻的方法。当时的人们重视外表及容貌，为表现崇尚智慧，还盛行剃眉并把发际线尽量提高以展示宽阔的前额。在颜面的修饰上注重自然，颊与唇的颜色淡雅柔和，眼部不做修饰。当时的妇女对发型极为重视，喜欢梳理较为复杂、造型独特的发式并且佩戴各种漂亮的头饰，创造了高雅和谐的风格。

16 世纪，随着哥伦布发现新大陆，美洲的各种香料源源不断地运往欧洲，西方社会很快掀起一股擦香水的热潮。此时，敷面膏也十分流行，罂粟、蛋壳粉、明矾、硼砂、杏仁、水果、蔬菜、乳类等统统被用作制作面膏的原料。人们也十分重视发型，发型设计及假发使用相当盛行。在化妆上注重强调面颊与唇的修饰，而眼部化妆尚未流行。

17 世纪末期，巴黎妇女流行点痣的化妆术，痣的颜色有黑和红两种，这在当时是极有特色的面部修饰方法。痣的形状分为星状、月牙状和圆形，一般多点缀于额、鼻、两颊和唇边，偶尔点缀于腹部和两腿内侧。

18 世纪初期，男性美容风盛行，他们也在脸部涂脂抹粉，为了美容宁可剃掉美丽的金色卷发而戴上假发套。18 世纪中晚期，妇女对容貌的美丽重视程度更是到了极点：她们用草莓及牛乳来沐浴；用葡萄汁、柠檬汁擦洗并按摩皮肤，以达到增白肤色、保养肌肤的效果。在化妆上用香粉扑面，嘴唇与面颊涂抹鲜明的化妆品，颜色从粉红色到橘黄色都有；眉毛经过刻意的修整；眼睛描画清淡，但喜欢用高光的颜色点缀，此时期被后人称为奢侈时期。

19 世纪，英国维多利亚女王时代（公元 1837—1901 年）被认为是历史上最苛刻、最不俗的时代。从美学角度上，被认为是历史上最朴素的时代。这个时代的服饰、发型及化妆也深受保守作风的影响。除了上剧院外，妇女极少做脸部化妆，她们宁愿用手捏面颊及嘴唇来形成自然的红色，也不愿用唇膏、胭脂等化妆品，对发型的梳理也极为简单。但不论男女都关心身体的清洁及个人的保养，人们流行用一些天然水果、蔬菜、蜂蜜、鸡蛋、麦片和牛乳等调配成的面膜进行敷面美容。

美国

20 世纪，工业革命给美国带来新的繁荣，电影的出现对美容化妆产生了巨大影响。女性开始模仿电影中的明星，剪短发、抹口红、使用眼影膏等，极大地推动了化妆品的生产和销售。随着信息的迅速传播，世界各地的美学标准互相影响，并相互兼容。即使是在战争时期，化妆品的销量不但没有减少，反而有所增加，由此可见，美容在当时人们心目中的地位。战后经济的繁荣促使人们对美容、化妆品产生了更大的兴趣，美容院、按摩院、化妆品商店、美发店在世界各地纷纷开设，受到各地百姓的欢迎，美容已经走进千家万户，成为人们日常生活中极为重要的组成部分。

第二篇　美容医学知识

第一章　人体生理解剖常识

本章学习目标

1. 掌握细胞的结构和功能
2. 了解人体基本组织及特点和功能
3. 掌握人体器官及系统的结构、功能和特性

第一节　细胞

细胞为所有生物的基本元素，是人体形态结构和功能的基本单位。人体有40万亿～60万亿个细胞，细胞的平均直径为10～20微米。除成熟的红血球和血小板外，所有细胞都有至少一个细胞核，它是调节细胞作用的中心。最大的细胞是成熟的卵细胞，直径在0.2毫米左右；最小的细胞是血小板，直径只有约2微米。

一、细胞的结构

细胞一般分为细胞膜、细胞质、细胞核三部分，如图1-1所示。

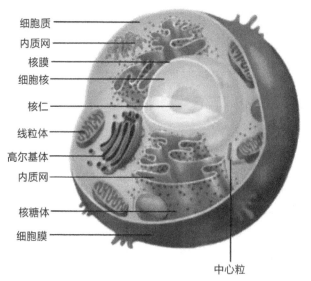

图 1-1　动物细胞亚显微结构模式图

1. 细胞膜

细胞膜是包裹在细胞表面的半透明膜，是细胞的皮肤。细胞膜保持了细胞的完整性，具有选择性的渗透作用，控制着离子和分子的进出。细胞膜的这种特性既不让有用物质任意地渗出细胞，也不让有害物质轻易地进入细胞，同时也能把代谢的废物排到外界的液体中。细胞膜是一种非常薄但很牢固的蛋白质磷脂膜，具有一定的自我修补能力，但若严重破损会导致细胞死亡。

2. 细胞质

细胞质是位于细胞膜与细胞核之间的胶质系统。含有细胞成长、繁殖及自我修复所需的营养，是细胞新陈代谢及物质合成的重要条件。细胞质由基质、细胞器和包含物组成。

（1）基质：基质是一种无定型结构的胶状物质，细胞器和包含物质均悬浮于基质之中。

（2）细胞器：细胞器位于细胞质内，具有一定的形态结构，对细胞的生长机能起重要作用。包括线粒体、高尔基体、中心体等。

① **线粒体**：线粒体均匀分布在细胞体内，其形态常呈线状和颗粒状等。细胞生命所需能量约有90%来自线粒体，线粒体是细胞内氧化和供能的中心，又称为细胞的"动力站"。

② **高尔基体**："高尔基体是由脂类和蛋白质构成的，常呈小泡或网状，故称内网器。其形态、大小、数量常随内外环境的变化而改变。其主要功能是分泌。"

③ **中心体**：中心体是位于细胞核附近的小圆形实体。其与细胞的分裂繁殖有关。

（3）包含物质：在基质中除细胞器外，还有一些其他的有形物质：卵黄颗粒、脂肪滴、糖元、液泡、色素颗粒等。它们属于细胞代谢过程中的产物，有的是营养物质，其存在随生理功能的改变而改变。

3. 细胞核

细胞核位于细胞的中心，形状为圆形或椭圆形，如图1-2所示。细胞核控制着细胞的生长和分裂，它也包含着传送细胞特性的结构。细胞核是遗传信息库，是细胞代谢和遗传的控制中心。细胞核包括核膜、核仁、核液和染色质。

（1）核膜：核膜是包在细胞核外的半透明膜，它保持了细胞核的完整性，具有选择性渗透作用。

（2）核仁：核仁是一团致密区，与蛋白质的合成有关。

（3）核液：核液为构成核的原生质，为核内无色透明的胶体物质。

（4）染色质：染色质是核内嗜碱性的小颗粒，与遗传有关。染色质和染色体是同样的物质在细胞不同时期的两种存在状态。

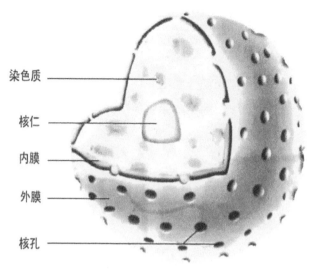

染色质

核仁

内膜

外膜

核孔

图 1-2　细胞核示意图

二、细胞的功能

1. 繁殖

细胞通过有丝分裂的方式进行繁殖。细胞分裂时原来的细胞经过一系列复杂的变化，分裂成两个新细胞。通过细胞的不断繁殖，人体因而得以生长、发育和修复创伤。

2. 新陈代谢

细胞通过新陈代谢维持生命活动，并不断自我更新。一方面细胞不断从周围环境中摄取营养物质、水、氧气等，将其分解成简单物质进行自我建造，完成成长、繁殖和自身修复；另一方面细胞将自身物质进行分解，释放能量来满足人体各种活动的需要，同时排出代谢产生的废物。

三、细胞的生长条件

细胞生长的基本条件：适宜的温度、摄入充足的营养物质、氧气和水等，并及时排出代谢产生的废物和二氧化碳等。只有满足上述的生长条件细胞才能有旺盛的生命力，使自身的数量不断增多、体积增大。否则细胞生长会受影响，甚至受到破坏。因此需要合理饮食，多饮水，配合皮肤按摩及营养的局部补充，为细胞提供生长所必需的基本条件会有益于人体的皮肤健康。

细胞是人体生命活动的基本构成单位，人体的每一部分都是由细胞构成的。美容按摩操作能促进细胞的新陈代谢，使肌肤细胞充满活力，从而达到美容健身的目的。

第二节　人体的基本组织

人体形形色色的细胞可以归为四大类：上皮细胞、结缔组织细胞、肌肉细胞和神经细胞。细胞与细胞之间的物质称为细胞间质。这四类细胞和它们的细胞间质构成了人体四种基本组织，并发挥着特殊的功能：上皮组织、结缔组织、肌肉组织、神经组织。人体的各个器官都是由这四种基本组织的不同组合而构成的。

一、上皮组织

上皮组织也叫上皮，是人体最大的组织。它是衬贴或覆盖在其他组织上的一种重要结构。由密集的上皮细胞和少量细胞间质构成。结构特点：细胞结合紧密，细胞间质少。分别具有保护、吸收、分泌、排泄和感觉等功能。上皮组织可分为被覆上皮和腺上皮两大类。

被覆上皮分布在身体表面和体内各种管腔壁的内面，具有保护、吸收、分泌、排泄作用，可以防止外物损伤和病菌侵入。

腺上皮是具有分泌特殊物质功能的上皮组织。以腺上皮为主要组成成分的器官为腺体。分泌作用就是把细胞质中的一部分物质排出来。也有的腺体，如向皮肤表面分泌油脂的皮脂腺是将整个细胞都排出来。腺体分为外分泌腺和内分泌腺。细胞通过分泌作用排出来的物质有的是有用的，如消化液、胆汁、皮脂、激素等，统称为分泌物，有的是没有用的，如汗液和尿液中的一些物质是我们身体不需要的废物，故称之为排泄物。

外分泌腺有胃腺、肠腺、汗腺等。它们是由腺上皮围成的腺泡，分泌物流入其中央腔内，再由导管排到管腔或体表。

内分泌腺有肾上腺、垂体、甲状腺、性腺等。内分泌腺的分泌物称为激素。腺细胞常排列成团状、索状或泡状，没有导管，激素分泌后立即进入毛细血管和淋巴管，对其他器官的活动产生影响。

二、结缔组织

结缔组织存在于人体的气管内部和各器官之间。由少量的细胞和大量的细胞间质构成，结缔组织的细胞间质包括基质、细丝状的纤维和不断循环更新的组织液，在人体内广泛分布，具有连接、支持、营养、保护、修复等多种重要功能。结缔组织种类很多，包括固有结缔组织（疏松结缔组织、致密结缔组织、网状组织、脂肪组织）、血液、淋巴、软骨和骨组织等。

三、肌肉组织

肌肉组织是由特殊分化的肌肉细胞构成的基本组织。肌肉细胞间有少量结缔组织，并有毛细血管和神经纤维等。肌肉细胞外形细长，呈纤维状，故又称肌纤维。在收缩时肌纤维变短。

根据各肌肉运动的不同特点，肌肉可分为两类：随意肌和不随意肌。随意肌受肢体神经支配，受意志控制，具有收缩迅速、猛烈有力的特点，但不能持久，容易疲劳。不随意肌受内脏神经支配，不受人的意志控制，具有持久而有规律地收缩与舒张且不易疲劳的特点。根据肌细胞的形态与分布的不同可将肌肉组织分为3类：骨骼肌、心肌、平滑肌。

骨骼肌 骨骼肌附着在骨骼、舌、喉、咽、食道上段、肛门周围等处，受人的意志支配而运动，因此是一种随意肌。因骨骼肌的细胞质中有明暗相间的横纹，所以又称横纹肌，这种肌肉收缩快而有力。

> 心肌　心肌分布于心脏，构成心房、心室壁上的心肌层，也见于靠近心脏的大血管壁上。心肌也是横纹肌，受自主神经支配，属不随意肌。心肌细胞呈圆柱形，直径为 15～20 微米，有分支互相连接成网，使心脏能够自动地有节律地收缩，维持全身的血液循环。

> 平滑肌　平滑肌分布在血管、肠胃、膀胱、子宫、支气管等壁上，是不随意肌，没有横纹，收缩缓慢而持久。

肌肉组织具有收缩特性，是躯体和四肢运动，以及体内消化、呼吸、循环和排泄等生理过程的动力来源。

四、神经组织

神经组织（nerve tissue）是神经系统的主要组成成分，由神经细胞（nerve cell）和神经胶质细胞（neuroglial）组成。神经细胞是神经系统的结构和功能单位，又称神经元。一个成人约有亿万个神经元，它们具有接受刺激、传导冲动和整合信息的功能，有些神经元还有内分泌功能。神经胶质是神经胶质细胞的总称，其数量为神经元的 10～50 倍，主要分布于神经元之间，无传导冲动的功能，而是对神经元起支持、营养、绝缘和保护等作用。

神经组织作用：接收、整合和传递信息与兴奋。

第三节　人体器官与系统

人体共有八大系统：呼吸系统、消化系统、循环系统、神经系统、内分泌系统、泌尿系统、运动系统和生殖系统。这些系统协调配合，使人体内各种复杂的生命活动能够正常进行。

人体的结构：细胞—组织—器官—系统—个体，由简单到复杂。

人体系统是由各个器官按照一定的顺序排列在一起，完成一项或多项生理活动的结构。

一、呼吸系统

呼吸系统为通气和换气的器官，由呼吸道（鼻腔、咽、喉、气管、支气管）和肺两部分组成。

呼吸系统的功能是吸入新鲜空气，通过肺泡内的气体交换，使血液得到氧并排出二氧化碳，从而维持人体正常的新陈代谢。

机体与外界环境进行气体交换的过程称为呼吸。呼吸机能又是通过三个连续的过程来实现的：

（1）外呼吸：包括肺通气（外界空气与肺之间的气体交换过程）和肺换气（肺泡与肺毛细血管之间的气体交换过程）。

（2）气体运输：肺循环毛细血管与体循环毛细血管间血液中的气体运输过程。

（3）内呼吸：即组织换气（血液与组织、细胞之间的气体交换过程）。

气体交换地有两处，一处是外界与呼吸器官（如肺、腮）的气体交换，称肺呼吸或腮呼吸（外呼吸）；另一处是血液和组织液与机体组织、细胞之间进行的气体交换（内呼吸）。高等动物和人体的呼吸过程由三个相互衔接并且同时进行的环节来完成：外呼吸或肺呼吸，包括肺通气（外界空气与肺之间的气体交换过程）和肺换气（肺泡与肺毛细血管之间的气体交换过程）；气体在血液中的运输；内呼吸或组织呼吸，即组织换气（血液与组织、细胞之间的气体交换过程），有时也将细胞内的氧化过程包括在内。可见呼吸过程不仅依靠呼吸系统来完成，还需要血液循环系统的配合，这种协调配合，以及它们与机体代谢水平的相适应，又都受神经和体液因素的调节。呼吸系统如图 1-3 所示。

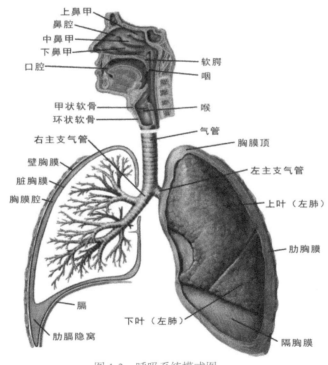

图 1-3　呼吸系统模式图

二、消化系统

人体消化系统由消化道和消化腺两大部分组成，如图 1-4 所示。消化系统负责食物的摄取和消化，使我们能够获得糖类、脂肪、蛋白质和维生素等营养。

人体内与消化摄食有关的器官包括口腔、咽、食道、胃、小肠、大肠、肛门，以及唾液腺、胃腺、肠腺、胰腺、肝脏等，因此称它们为消化器官。这些消化器官协同工作，共同完成对食物的消化和对营养物质的吸收。所有的消化器官的总和称为消化系统。

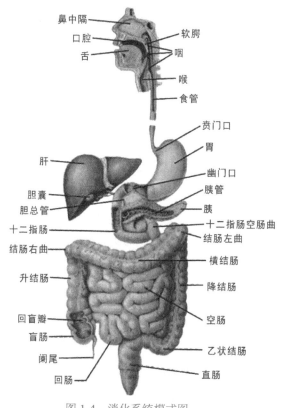

图 1-4　消化系统模式图

三、循环系统

循环系统是生物体的体液（包括细胞内液、血浆、淋巴和组织液）及其借以循环流动的管道组成的系统，如图 1-5 所示。

由于其中所含的液体成分不同，循环系统可分为心血管系及淋巴系两部分。心血管系由心脏、动脉、静脉和毛细血管组成。

在心血管系的管道内，缓缓流动着血液。淋巴系由淋巴管道、淋巴器官和淋巴组织组成，在淋巴管道内，流动着淋巴液。

血液循环和淋巴循环不断地把消化器官吸收的营养物质，肺吸入的氧和内分泌腺分泌的激素输送到身体各组织细胞进行新陈代谢，同时将全身各组织细胞的代谢产物（如二氧化碳和尿素等）分别送到肺、肾、皮肤等器官排出体外，从而保证人体生理活动正常进行。此外，循环系统还维持机体内环境的稳定、免疫和体温的恒定。

心脏是推动血液循环的动力器官，起泵血的作用。动脉输送血液离开心脏到身体各部并反复分支，最后移行于毛细血管，引导血液回到心脏，毛细血管连通于最小动脉与最小静脉之间，管壁极薄，具有渗透性，呈网状分布于全身各组织器官，血液在毛细血管内流动缓慢。

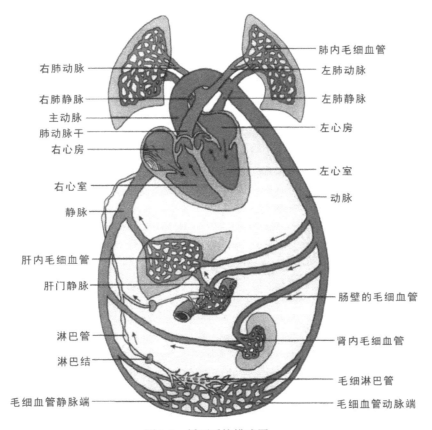

右肺动脉
右肺静脉
主动脉
肺动脉干
右心房
右心室
静脉
肝内毛细血管
肝门静脉
淋巴管
淋巴结
毛细血管静脉端

肺内毛细血管
左肺动脉
左肺静脉
左心房
左心室
动脉
肠壁的毛细血管
肾内毛细血管
毛细淋巴管
毛细血管动脉端

图 1-5　循环系统模式图

四、神经系统

神经系统（nervous system）是在人的生命活动中起主导作用的系统。内、外界环境的各种信息，由感受器接受后，通过周围神经传递到脑和脊髓的各级中枢进行整合，再经周围神经控制和调节机体各系统器官的活动，以维持机体与内、外界环境的相对平衡。神经系统是由神经细胞（神经元）和神经胶质组成的。神经系统分为中枢神经系统和周围神经系统两大部分，如图 1-6 所示。

神经系统一方面控制调节各器官、系统的活动，使人体成为一个统一的整体，另一方面通过神经系统的分析与综合，使机体主动适应不断变化的内、外界环境，维持生命活动的正常进行。

五、内分泌系统

内分泌系统包括内分泌器官和内分泌组织两部分。内分泌器官是指形态结构上独立存在、肉眼看不见的内分泌腺，内分泌腺是人体内一些无输出导管，并将分泌物收集到一定器官的腔道或体表的腺体。它的分泌物称为激素，对整个机体的生长、发育、代谢和生殖起着调节作用。人体主要的内分泌腺有：甲状腺、甲状旁腺、肾上腺、垂体、松果体、胰岛、胸腺和性腺等。

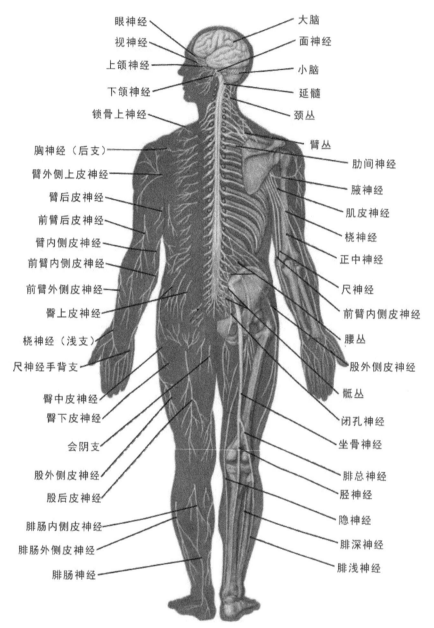

眼神经
视神经
上颌神经
下颌神经
锁骨上神经
胸神经（后支）
臂外侧上皮神经
臂后皮神经
前臂后皮神经
臂内侧皮神经
前臂内侧皮神经
前臂外侧皮神经
臀上皮神经
桡神经（浅支）
尺神经手背支
臀中皮神经
臀下皮神经
会阴支
股外侧皮神经
股后皮神经
腓肠内侧皮神经
腓肠外侧皮神经
腓肠神经

大脑
面神经
小脑
延髓
颈丛
臂丛
肋间神经
腋神经
肌皮神经
桡神经
正中神经
尺神经
前臂内侧皮神经
腰丛
股外侧皮神经
骶丛
闭孔神经
坐骨神经
腓总神经
胫神经
隐神经
腓深神经
腓浅神经

图 1-6　神经系统模式图

六、泌尿系统

泌尿系统由肾、输尿管、膀胱及尿道组成，如图 1-7 所示。其主要功能是生成尿液，通过尿液排出体内溶于水的代谢产物。被排出的物质一部分是营养物质的代谢产物；另一部分是衰老的细胞破坏时所形成的产物。此外，排泄物中还包括一些随食物摄入的多余物质，如多余的水和无机盐类。泌尿系统是排出机体代谢产物的最主要途径，排出的废物量大，对维持机体内环境的相对稳定起着重要的作用。

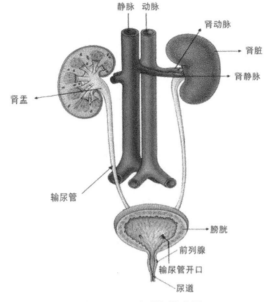

图 1-7　泌尿系统模式图

七、运动系统

运动系统，顾名思义其首要的功能是运动，由骨、关节、骨骼肌组成，如图 1-8 和图 1-9 所示。人的运动是很复杂的，包括简单的移位和高级活动，如语言、书写等，都是在神经系统支配下，由肌肉收缩而实现的。

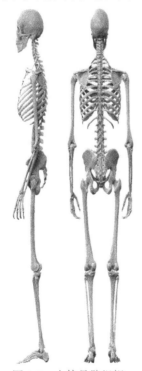

图 1-8　人体骨骼组织　　　　　　　图 1-9　人体骨骼肌

运动系统的第二个功能是支持，包括构成人体体形、支撑体重和内部器官以维持体姿。

人体姿势的维持除了骨和骨连接的支架作用外，主要靠肌肉的紧张度来维持。

运动系统的第三个功能是保护，众所周知，人的躯干形成了几个体腔，颅腔保护和支持着脑髓和感觉器官；胸腔保护和支持着心、大血管、肺等重要脏器；腹腔和盆腔保护支持着消化、泌尿、生殖系统的众多脏器。

八、生殖系统

生殖系统是生物体内和生殖密切相关的器官的总称，如图 1-10 和图 1-11 所示。生殖系统的功能是产生生殖细胞，繁殖新个体，分泌性激素和维持副性征。人体生殖系统包括男性生殖系统和女性生殖系统两类。按生殖器所在部位，又分为内生殖器和外生殖器两部分。

男性生殖系统由外生殖器和内生殖器两部分组成。内生殖器由睾丸、附睾、输精管、精囊腺和前列腺组成，外生殖器包括阴茎、尿道和阴囊。

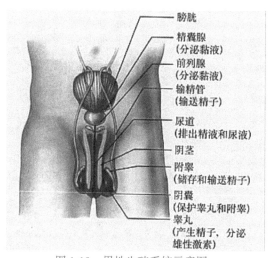

图 1-10　男性生殖系统示意图

女性生殖系统也包括内生殖器和外生殖器两部分。内生殖器由生殖腺（卵巢）、输卵管道（输卵管、子宫、阴道）和附属腺（前庭大腺）组成，外生殖器包括阴阜、大阴唇、小阴唇、阴蒂、阴道前庭、前庭球等结构。

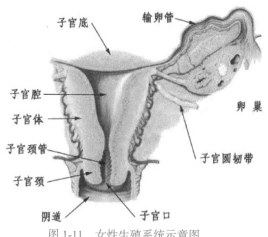

图 1-11　女性生殖系统示意图

多细胞生物体内许多器官联系在一起，共同完成某种连续的基本生理功能，这些器官，就组成了一个系统。人和高等动物有 8 个系统，即消化系统、呼吸系统、循环系统、泌尿系统、运动系统、生殖系统、内分泌系统和神经系统。以上系统构成了人体和动物体，并且在神经和内分泌系统的调节下，互相联系、互相制约，共同完成整个生物体的全部生命活动，以保证生物体的个体生存和种族繁衍。

第二章　人体皮肤生理常识

本章学习目标

1. 掌握人体皮肤解剖结构及表层的基本结构
2. 了解人体皮肤的生理功能，了解皱纹的分类
3. 掌握正常皮肤类型、特征及保养重点
4. 掌握皮肤老化的特征、成因及护理方法
5. 掌握皮肤色斑的特征、成因及护理方法
6. 掌握皮肤痤疮的特征、成因及护理方法
7. 掌握皮肤敏感的特征、成因及护理方法
8. 掌握皮肤毛细血管扩张的特征、成因及护理方法
9. 掌握紫外线对皮肤的影响及日晒皮肤的护理方法
10. 掌握眼部、唇部的生理结构及特点，了解眼部、唇部各种损美性问题出现的原因

第一节　皮肤的结构

皮肤位于人体的最外层，是人体最大且最重要的器官，其总重量约占人体重量的15%，总面积可达 1.5 ～ 2.0m^2。皮肤的厚度随年龄、部位的不同而有所差异，平均厚度为0.5 ～ 4mm，手掌及足底最厚，眼睑与腋窝部最薄。皮肤的 pH 值显弱酸性，在 5.5 ～ 6.5 之间，能抵抗外来细菌的侵入。正常的皮肤应该具备的状态：湿润、光泽、有弹性、色泽细腻、无明显瑕疵、pH 值呈弱酸性。

皮肤由外向内分为表皮、真皮、皮下组织三层。此外，皮肤还有一些附属器官，包括皮脂腺、汗腺、毛发和指（趾）甲等，如图 2-1 所示。

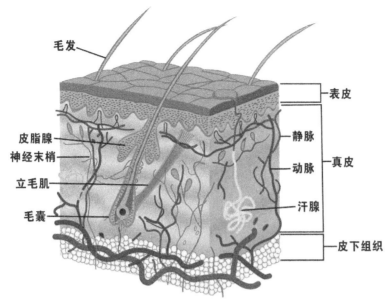

图 2-1　皮肤结构示意图

一、表皮

表皮是皮肤的最外层，属于复层鳞状上皮，表皮层没有血管，有丰富的神经末梢，可以感知外界的刺激，从而产生触、痛、压力、冷、热等感觉。

表皮层由外向内分为五层：角质层、透明层、颗粒层、棘层、基底层。表皮在基底层从基底细胞开始不断向外生长繁殖产生新细胞，并逐渐向皮肤表皮推移，形成各层细胞，细胞死亡以皮屑的形式脱落。分裂后形成的细胞由基底层移行至颗粒层需 14～42 天，从颗粒层移至角质层表面而脱落又约需 14 天，因此正常表皮更新时间为 28～56 天。

1. 角质层

角质层位于表皮的最外层，由几层到几十层扁平无核角质细胞组成，细胞质内充满嗜酸性的角蛋白，具有较强的吸水性，并能吸收部分紫外线，对酸、碱、摩擦等因素有较强的抵抗力。角质层的表面细胞常呈小片脱落，形成皮屑。皮肤各部位角质层的厚度不等，易受外界压力及摩擦的部位，如手掌、足底等，角质层较厚，而眼睑、腋窝、头皮等处角质层较薄。角质层的厚薄对人的肤色和吸收能力有一定的影响，角质层厚皮肤会显得灰暗，吸收能力差；反之面部皮肤会出现红血丝，易过敏。角质层的含水量正常应该在 10%～30% 之间，这时皮肤外观柔软，不易出现干燥皲裂现象。

2. 透明层

透明层位于颗粒层和角质层之间，由 2～3 层无核的扁平细胞组成。因细胞内含有角母蛋白，故呈透明状，此细胞含有磷脂类物质，具有防止水和电解质透过的屏障作用。此层只存在于手掌与脚掌。

3. 颗粒层

颗粒层位于棘层上方，由 2～4 层较厚的扁平菱形细胞组成。细胞之间排列紧密，形成一道天然屏障，可防止水分、营养的流失，也可防止外界水分、异物的侵入，细胞中的晶体角质可折射阳光中的紫外线，保护皮肤，细胞在此层成熟并开始退化。

4. 棘层

棘层位于基底层的上方，由 4～10 层棘状的多边形细胞组成，胞核较大呈圆形，是表皮中最厚的一层。细胞之间有棘突相连，细胞间隙中有组织液，输送营养给表皮细胞。棘层中有许多感觉神经末梢，可以感知外界的各种刺激。临近基底层的细胞具有分裂繁殖能力，会参与伤口愈合过程。

5. 基底层

基底层位于表皮的最深层，借助基膜与深层的真皮相连。基底层是一层立方形或圆柱状细胞。

基底层细胞具有很强的分裂繁殖能力，不断产生新细胞并向浅层推移，生长并演变成其他各层细胞，是表层各层细胞生发之源，故又称生发层。

基底层内有一种黑色素细胞，稀疏散布在基底细胞之间，具有合成黑色素的功能。黑色素细胞感光性强，能吸收和散射紫外线，使深层细胞免受伤害。无论何种颜色的皮肤，其黑色素细胞数目的形成与黑色素的形成是一致的，大约每 10 个基底细胞中有一个黑细胞存在，肤色的深浅主要是由黑色颗粒的大小、多少决定的。

> **皮脂膜** 皮脂膜是覆盖于皮肤最上一层的一种非稳定性结构，是由皮肤皮脂腺里分泌出来的皮脂、角质细胞产生的脂质及从汗腺里分泌出来的汗液融合而成的一层酸性保护膜。皮脂膜是皮肤表面的免疫层，具有锁水、润泽、抗感染的作用，皮脂膜中的一些游离脂肪酸能够抑制某些致病性微生物的生长，对皮肤起到自我净化作用。

二、真皮

真皮位于表皮之下，皮下组织之上，与表皮呈波浪状牢固相连。真皮的厚度是表皮的 7 倍，一般为 1～2mm。真皮由胶原纤维、网状纤维和弹力纤维，以及细胞、基质构成。真皮内有毛囊、汗腺、皮脂腺、神经、血管和淋巴管等。真皮层含有人体 60% 的水分。皮肤湿润坚实与否，有无弹性，真皮层起决定作用。真皮层分为两部分，即上部的乳头层和下部的网状层。乳头层组织疏松，网状层组织紧密。

1. 胶原纤维

胶原纤维为真皮结缔组织的主要成分，呈束状，有伸缩性，使皮肤具有柔韧性，能抵抗外界的牵拉，但缺乏弹性。真皮乳头层由胶原纤维组成，含丰富的神经末梢及毛细血管。

2. 网状纤维

网状纤维细小，有较多分支，彼此交织成网。它是未成熟的胶原纤维，主要分布在皮肤附属器官、血管和神经周围。

3. 弹力纤维

弹力纤维比胶原纤维细，由弹力蛋白和微原纤维构成。弹力纤维分布于真皮的网状层，富有弹性，使胶原纤维受牵拉后易恢复原状，对皮肤附属器和神经末梢起到支架作用。

三、皮下组织

皮下组织位于皮肤的最深层，其厚度约为真皮的 5 倍。主要由大量的脂肪组织和疏松的结缔组织构成，皮下组织将皮肤与深部的组织连接一起，并使皮肤有一定的可动性。含有丰富的血管、淋巴管、神经、汗腺和深部毛囊等。皮下组织对热是绝缘体，并能储藏热能，可缓冲外来的冲击。适度的皮下脂肪可使人显得丰满，皮肤细腻柔嫩、红润光泽而富有弹性。

四、皮肤的附属器官

皮肤的附属器官包括皮脂腺、汗腺、毛发及指（趾）甲等，如图 2-2 所示。

1. 皮脂腺

皮脂腺分布于真皮浅层中，与毛囊相连，开口于毛囊，可分泌皮脂。除手脚掌外，皮脂腺遍布全身，以头面部最多，其次为前胸和背部。

皮脂腺的分泌功能受雄性激素和肾上腺皮质激素的调节。皮脂腺可分泌皮脂，经导管进入毛囊，再经毛孔排到皮肤表面。皮脂有润滑和保护皮肤、毛发的功能，也有杀菌作用。头部长期皮脂分泌过多，可使头发脱落，形成脂溢性脱发；皮脂分泌过少，引起头发干燥易折，失去光泽。若面部等处皮脂分泌较多，加之毛囊口被阻塞或受细菌入侵，易形成痤疮。

2. 汗腺

汗腺位于皮肤真皮层和皮下组织内。根据分泌物的不同分为小汗腺（外分泌腺）和大汗腺（泌离汗腺）。

> **小汗腺**　小汗腺除唇红部及指甲等处外广布全身，尤以手掌、脚底、前额、腋下等处最多。小汗腺可以分泌汗液，主要成分为水、无机盐和少量尿酸、尿素等代谢废物。通过汗腺的分泌，可散热和调节体温，还有排泄废物的作用。

> **大汗腺**　主要分布于腋窝、乳晕、肛门及外阴、外耳道等处。大汗腺在青春期时发育，大汗腺的分泌物为较浓稠的乳状液体。该液体刚排出时并没有味道，但由于皮肤表面上的细菌得到分泌物脂肪的滋养，在短时间内形成难闻的汗臭味，俗称"狐臭"。

3. 毛发

毛发由角化的表皮细胞构成，露在皮肤外的为毛干，埋于皮肤内的为毛根。毛根末端膨大为毛球，包围毛根上皮组织的为毛囊，毛球下端呈凹陷状，真皮的结缔组织深入其中构成毛乳头，内含丰富的血管和神经，以供应毛球营养。毛球下层的毛母质细胞有分裂能力，是毛发及毛囊的生长区，内有黑色素细胞。

4. 指（趾）甲

指（趾）甲位于手指、足趾远端的背侧面，为半透明状的角质板与下面的组织紧密粘连，从而保护着手指和脚

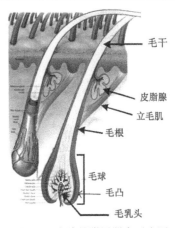

毛干

皮脂腺

立毛肌

毛根

毛球

毛凸

毛乳头

图 2-2　皮肤的附属器官示意图

趾。露在外面的部分，称为甲体，甲体深面部分，称为甲床，藏在皮肤深面部分，称为甲根。甲根的深部为甲母基。甲母基是甲的生长点，需拔甲时不可破坏甲母基。

指（趾）甲的颜色、形态及表面的光泽度与健康状况、生活环境有关。健康人的指（趾）甲光洁发亮、白里透红给人以美感。若指（趾）甲因病损坏、缺失或增厚变污黄，则有失雅观。

第二节　皮肤的生理功能

皮肤是人体的保护器官，有抵抗自然伤害和防止细菌侵入的功能。此外，皮肤还有调节体温、感觉、分泌、排泄、吸收、新陈代谢等功能。

一、保护功能

皮肤能减少皮下组织遭受物理伤害，防止过多日光、化学性物质和细菌的侵入，能抵抗冷热及外伤，表皮最外层的酸性保护膜有防水作用。

1. 对机械性损伤的防护

表皮细胞的紧密排列，真皮中各种纤维的存在，皮下组织的疏松，使皮肤坚韧而又柔软。在受到外界撞击、摩擦等机械作用后，可迅速恢复原状，保持完整。

2. 对物理性损伤的防护

角质层是电和热的不良传导体，故对低电压、低电流有一定的阻抗能力。角质层对光线照射起着使光线漫散的作用，减少进入真皮层的光线强度，可保护皮肤的白嫩。黑色素能吸收紫外线，很好地保护人体深部组织。

3. 对化学性损伤的防护

角质层表面覆盖着一层由皮脂和汗液混合形成的皮脂膜，内含游离脂肪酸。正常皮肤的 pH 值呈弱酸性，对碱性物质有缓冲作用。

4. 对生物性损伤的防护

角质层可以阻止细菌和病毒侵入皮肤内，因为皮肤的弱酸性不利于微生物的生长，并且对某些细菌及真菌有抑制作用。

二、分泌和排泄功能

皮肤通过汗腺、皮脂腺进行分泌和排泄，所排泄的汗液 99% ～ 99.5% 为水分，0.5% ～ 1% 为无机盐和有机盐。皮脂腺分泌皮脂维持水分，供给皮肤营养滋润，防止皮肤干燥、皲裂。

三、感觉功能

皮肤是一个重要的感觉器官，神经末梢和特殊感受器广泛分布在表皮、真皮及皮下组织内，以感知体内外各种刺激。正常皮肤可以感知痛、温、触、压、痒等不同刺激，并迅速传递到大脑，引起必要的保护性神经反射。

四、调节体温功能

皮肤是最重要的体温调节器官，可通过辐射、蒸发、对流、传导四种方式散热，自动调节体温，保护身体。

五、呼吸功能

皮肤有直接从空气中吸收氧气、放出二氧化碳的功能。面部皮肤角质层薄，毛细血管丰富，又直接处于空气中，故其呼吸功能比其他部位更为突出。

六、吸收功能

皮肤有吸收外界物质的能力。皮肤可通过角质层、毛孔、汗孔吸收各种物质，尤其对水分、脂溶性物质、油脂类物质及各种金属均有较强的吸收作用。

七、新陈代谢功能

皮肤细胞有分裂、繁殖，新陈代谢的能力。皮肤的新陈代谢功能在晚上 10 点至凌晨 2 点之间最为活跃，在此期间保证良好的睡眠对皮肤大有好处。同时皮肤还参与全身的代谢活动。

第三节　皮肤的类型

人体肌肤依据年龄、季节、气候、遗传、饮食、睡眠等因素可分为最常见的四大类型。

一、中性皮肤

中性皮肤是最为理想的皮肤，肌肤状态良好，皮脂腺、汗腺的分泌量适中，皮肤不干也不油，皮肤细腻有光泽，富有弹性，毛孔细小，对外界刺激不敏感。皮肤易随季节和健康状况的变化而局部性地变干或变油。中性皮肤多见于青春期前的少女。

护理重点：清洁皮肤，把表面的死细胞清除，将毛孔的污垢清除干净，加强脸部按摩可促进皮肤的新陈代谢，有助于维持皮肤的光滑细嫩。

二、干性皮肤

干性皮肤毛孔细小不明显，皮脂分泌量少，皮肤干燥，易长细纹，毛细血管表浅，易破裂长斑，对外界刺激敏感。干性皮肤分为缺水性和缺油性两种：缺水性干性皮肤多见于年龄 35 岁以后及老人；缺油性干性皮肤多见于青春期。

护理重点：宜选用性质温和的洁肤品清洁皮肤，不要频繁蒸面、脱屑。注意水分的补充，加强滋润。营养摄入要均衡，睡眠充足。

三、油性皮肤

油性皮肤肤色晦暗，毛孔粗大，皮脂分泌量多，皮肤油腻光亮，不易长皱纹，易长粉刺、面疱、暗疮，对外界刺激不敏感。多见于青春期发育的年轻人。

护理重点：以保湿、深层清洁为主，建议选用弱酸性洁面产品及温水清洁皮肤。饮食清淡，睡眠充足。

四、混合性皮肤

兼具了油性皮肤和干性皮肤两种特征，表现为 T 区（额头、鼻周、下巴）皮肤显得较油，其余部位显干性，前额、鼻部毛孔粗大。混合性皮肤多见于 25～35 岁之间的人。

护理重点：注意油分和水分的平衡，加强 T 区控油及去角质，其余部位以保湿、滋养为主。

第四节　常见皮肤问题分析

美容工作中所涉及的常见损美性皮肤问题主要有皮肤老化、色斑、痤疮、敏感及毛细血管扩张等。这些皮肤问题本质上都属于美容皮肤病，处理这些皮肤问题必须遵循医学临床"诊断为先"的原则，即先做出正确诊断，再"对症下药"制定出护理方案，然后才是美容操作的实施。

一、皮肤老化

（一）皮肤老化的定义

人体皮肤的老化是指皮肤在外源性或内源性因素的影响下引起皮肤外部形态、内部结构和功能衰退等现象。

（二）皮肤老化的成因

引起皮肤老化的因素很多，大致可分为内因和外因两方面。

1. 外在因素

（1）紫外线的伤害。

紫外线损伤又称光老化，是造成皮肤老化的主要因素之一。一般来说，紫外线可分为长波（UVA，波长为 320～400nm）、中波（UVB，波长为 280～320nm）和短波（UVC，波长为 200～280nm）。其中，UVC 紫外线对细胞的伤害最为强烈，但大部分的 UVC 被臭氧层吸收散射，不能到达地面。

UVA 在阳光中的剂量比 UVB 大 100～1000 倍，并且穿透力强，30%～50% 能到达真皮层，也不受季节、云层、玻璃、水等影响。UVA 以损伤真皮为主，引起真皮胶原蛋白含量减少，胶原纤维退化，弹力纤维结构退行性改变，是造成皮肤松弛、皱纹增多等光老化的主要原因。UVA 也能增强 UVB 对皮肤的损伤，可使皮肤出现色素沉着而引发皮肤癌。UVA 引起大家重视的另一个原因，是具终身的积累作用，即年轻时过度 UVA 照射会加重年老时的老化症状。十字形皱纹就是一种典型的紫外线损伤性皮肤皱纹。

（2）地心引力的作用。

由于地心引力的作用，使本来因自然老化松弛的皮肤会加速下垂。

（3）错误的保养。

使用过热的水洗脸，过度的按摩，使用劣质的化妆品，过度的去角质等，均会使皮脂含量减少，角质层受损，丧失对皮肤的保护和滋润作用，使皮肤老化更快。

（4）饮食不当和不良的生活习惯。

① 暴饮暴食。

② 偏甜食、巧克力与肉类。

③ 食物中缺乏铁质与维生素。

④ 酗酒、吸烟。

⑤ 任意节食。

⑥ 过多或过于丰富的面部表情，如挤眉弄眼、皱眉、眯眼等。

⑦ 不当的迅速减肥或缺乏锻炼。

⑧ 不当的饮食造成肥胖或消瘦；经常接触刺激性的事物，如酒、咖啡等。

⑨ 长期熬夜，过度疲劳。

（5）恶劣的生活环境。

① 空气污染、汽车排放废气和化工厂排放刺激性气体，影响皮肤的新陈代谢。

② 噪声影响听力、伤害神经系统，也会造成衰老。

③ 吸烟的烟雾会损耗体内的维生素 C 而影响皮肤胶原纤维，致使皮肤松弛。

④ 空气干燥会使皮肤中的水分流失过快，导致皮肤粗糙、起皱纹。

⑤ 寒风、强冷刺激也会导致皮肤血管收缩，皮脂、水分减少而导致皮肤提前老化。

2. 内在因素

（1）年龄增加。

随着青春期结束，皮肤的生理机能便开始逐渐老化，女性 25 ～ 30 岁皮肤开始出现皱纹；30 ～ 35 岁皮肤开始松弛，表情线变深；35 ～ 40 岁假如不善于保养皮肤，表情线开始加深；40 ～ 45 岁小皱纹加深加粗，甚至可分叉，45 ～ 50 岁皮肤下层组织开始老化，皱纹开始扩展到眉间、面部、皮肤松弛，嘴角、眼角开始下垂，出现双下巴。这是皮肤的自然老化，也是生物生命过程中的必然规律，但在一定条件下可以延缓皮肤衰老的发生。

（2）植物性神经功能紊乱。

生活节奏加快、工作压力、家庭纷争均可引起植物神经功能紊乱，导致内脏功能异常、失眠等，进而引起皮肤早衰。

（3）内脏机能病变。

肝脏具有多种功能，如参与物质代谢、解毒、助消化等，肝脏若有病变，将影响人体新陈代谢；肾是机体内重要的排泄器官，若肾脏病变，发生功能障碍，体内的有害物质不能及时排除，同样妨碍机体新陈代谢；心脏功能不全，不能及时将氧气和营养物质通过循环系统带给各系统，会造成人体营养不足，进而影响皮肤新陈代谢，导致皮肤老化，色素沉着。

（4）内分泌紊乱。

内分泌系统是调节人体新陈代谢、生长繁殖的重要系统。内分泌腺通过分泌激素来调节代谢，如雄激素和肾上腺皮质激素能刺激皮脂腺生长、增殖与分泌，使皮肤保持滋润与光滑；雌性激素则可使皮下脂肪丰厚，维持皮肤弹性等。当激素分泌减少，皮肤机能便逐渐衰退，肌肤萎缩，失去光泽，更年期妇女尤其要重视这一点。

（三）皮肤老化的表现

1. 特征

（1）表皮的变化。

皮肤层厚度变薄。首先表现为表皮轻度变薄，细胞形态大小不一，增殖减缓，角质层对某些化学物质的通透性增加。表皮没有纹路，肌肤开始萎缩。

（2）与真皮交替处的变化。

表皮与真皮之间的波浪状结构变得扁平，致使两者之间的接触面积大大减少，造成氧和营养物质的输送量减少，两者的黏合力降低，新陈代谢随之降低。

（3）真皮层的变化。

真皮层结缔组织减少，纤维细胞逐渐失去活性，胶原纤维增粗，弹力纤维变性、缩短、增厚成团。

（4）外表形态的变化。

① 皮肤表面沟纹加深，皮肤松弛而缺乏弹性，皱纹增多。
② 皮肤含水量下降，皮脂及汗液分泌减少，从而出现皮肤干燥、脱屑。
③ 皮肤的机械防御能力和损伤后愈合能力下降，对外界各种刺激的耐受力变低。

（5）皮肤色素的变化。

随着年龄的增长，皮肤某些局部功能性黑色素细胞减少，同时其他部位有代偿性增生，表现为色素减退和色素增多的斑点，即老人斑。

（6）皮肤血管的变化。

由于真皮结缔组织变化，皮肤萎缩变薄，以致对皮肤小静脉和毛细血管的支持减弱，从而引起血管改变。

（7）皮肤附属器的变化。

皮脂腺、汗腺退化，皮脂或汗液分泌减少。指甲生长变慢，甲片肥厚、色暗、变脆。毛发变软、变细、干燥、无光泽。

2. 皱纹的分类

皱纹是指皮肤表面因收缩而形成的一凹一凸的条纹，根据皮肤出现皱纹的原因，可将面部皱纹分为四大类，如图 2-3 所示。

（1）固有皱纹。

固有皱纹主要出现在颈部，正常人一出生就有 1～3 条横纹。随着年龄增长，可使皮肤松弛、横纹变深而成为面部老化的象征。

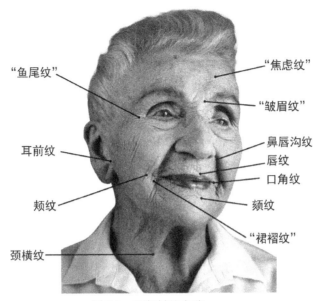

"鱼尾纹"　　　　　　　　　　　　　　"焦虑纹"

"皱眉纹"

鼻唇沟纹

耳前纹　　　　　　　　　　　　　　唇纹

口角纹

颊纹　　　　　　　　　　　　　颏纹

"裙褶纹"

颈横纹

图 2-3　面部皱纹名称

（2）动力性皱纹。

动力性皱纹是表情肌收缩的结果，出现部位、时间与数量因各人表情动作和习惯不同而异。动力性皱纹又可细分如下：

① 额部皱纹，也称抬头纹，位于额中部的横纹。由于脸部表情经常抬起眼帘，容易造成此皱纹。

② 皱眉纹，也称眉间纹、"川"字纹，是位于两眉之间的竖纹，出现时间较早。

③ 眼睑皱纹，出现于上、下眼睑，上睑较细，下睑较粗，方向呈垂直或稍倾斜。

④ 眼角皱纹，也称鱼尾纹，位于外眼角，呈放射状。

⑤ 鼻唇沟皱纹，位于鼻翼和嘴角之间，由于微笑表情所致，若过深过长，则属皮肤老化现象。

（3）重力性皱纹。

重力性皱纹多发生在 40 岁以后，是皮下组织、肌肉与骨骼萎缩后，皮肤松弛加上重力作用而逐渐产生的，多发生在面部骨骼比较突出的部位，如眼眶周围、颧骨、下颌骨等处。

（4）光化性皱纹。

光化性皱纹是指由于紫外线长期伤害所致且不成片状的皱纹。

二、皮肤色斑

（一）色斑的定义及分类

1.皮肤色斑的定义

色斑是指由于多种内外因素影响所致的皮肤黏膜色素代谢失常（主要是指色素沉着），它是生活美容界最常见的损美性皮肤问题。

2. 皮肤色素的分类

> 内在色素　由人体皮肤自身产生，如黑素、脂色素、含铁血黄素（如紫癜）、胆色素等。

> 外来色素　由外界物质带来的，如食物中的胡萝卜素、药物和重金属（如砷、铋、银、金等沉着症）等。

（二）色斑的成因

1. 色素代谢的生理过程（见图 2-4）

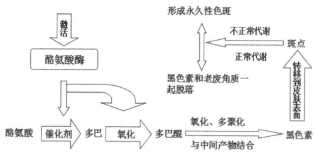

图 2-4　色斑形成过程图

（1）黑素细胞。

黑素细胞是合成与分泌黑素颗粒的树枝状细胞，起源于外胚层神经嵴，胚胎期约 50 天转移至表皮基底层，约占基底细胞的 10%，几乎遍布所有组织。黑素细胞的分布无性别及种族差异，随着年龄的增大，其数量逐渐减少。

（2）黑素体（melanosome）。

黑素体也称黑素小体，是黑素细胞中的色素颗粒。它是一种在单层膜内含有褐色和黑色的黑素结构。黑素体分为两大类：优黑素（黑褐色）、褐黑素（黄色）。两者均在黑素细胞中形成，其生成的过程为氧化过程，即酪氨酸在含铜及蛋白的酪氨酸酶的作用下被逐渐氧化成多巴，进而氧化为多巴醌逐渐形成黑素，再由黑素细胞的树枝状突起通过表皮黑素单位不断向上转移，最终脱落于皮面，排出体外，而表皮下的黑素被重新吸收或被细胞吞噬后进入血液循环。

2. 影响黑色素生成的因素

皮肤颜色由四种色素组成，即黑素（黑褐色）、氧化血红蛋白（红色）、还原血红蛋白（蓝色）及胡萝卜素（黄色），其中黑素最为重要。黑素的生成与酪氨酸、酪氨酸酶形成的速度和数量有关。

（1）内在原因：内分泌、神经因素。

① 促黑素细胞激素（MSH）。垂体 MSH 与膜受体结合可激活腺苷的活性，使黑素生成增加。

② 肾上腺皮质激素。在正常情况下，可抑制垂体 MSH 的分泌，但肾上腺皮质激素含量增多，反过来又可以刺激垂体 MSH 的分泌。

③ 性激素。雌激素可以增强酪胺酸的氧化作用，使色素增加。

④ 甲状腺素。可促进酪氨酸及黑素的氧化过程。

⑤ 神经因素。副交感神经兴奋也可能通过激活垂体 MSH 分泌，使色素增多，交感神经兴奋可使色素减少。

（2）外在原因。

大气臭氧层变稀、变薄，出现臭氧空洞。紫外线 UVA、UVB 照射强度增大，氧自由基增强，酪氨酸酶活性增大，色素沉着加重。

擦伤、刀伤等伤口延缓处理，导致伤口部位色素沉着，诱发黑色素。

（三）色斑的主要表现

1. 黄褐斑

黄褐斑俗称肝斑、蝴蝶斑、妊娠斑，是一种散布于中青年女性面部、基本对称的黄褐色或深褐色斑片。形状不规则，大小不定，边界清楚，表面无鳞屑，常分布于颧、颈、鼻或嘴周围，但不涉及眼睑，夏季颜色加深，无任何自觉症状。

病因尚未完全清楚，可能与下列因素有关。

（1）生理性因素。

常见于怀孕 3 ～ 5 个月的妇女，因其内分泌有较大变化，雌激素、孕激素和垂体黑素细胞激素（MSH）分泌增多。雌激素能刺激黑素细胞分泌黑素体，孕激素则可促使黑素体转运和扩散，MSH 可使黑素细胞的功能活跃、黑素形成增多。妊娠性黄褐斑一般可于分娩后自行消退，但有一部分人终身不消退。

（2）病理性因素。

妇科疾病（如痛经、月经不调、子宫及卵巢的慢性炎症等患者）和内分泌腺体疾病（如肾上腺皮质肥厚、脑垂体机能低下、甲状腺功能低下患者）可出现黄褐斑。

（3）化妆品因素。

发病与化妆品质量及使用方法不当有关。化妆品中的香料、脱色剂、防腐剂、止汗剂及部分重金属等，都不同程度地对皮肤有直接刺激作用或致敏作用（含光敏反应），使皮肤发生红斑和色素沉着，如化妆品中的铜、锌、汞含量超标，经皮肤吸收后可减少体内硫氢基（-SH）含量，增强酪氨酸酶活性，加速色素合成。

（4）日光因素。

波长 290 ～ 400nm 的紫外线可提高黑素细胞活性，引起色素沉着。色斑出现的部位多在日光照射的前额、颊部及口唇，且于春、夏季发生或加重，冬季减轻或消退。

（5）营养因素。

食物中缺失维生素 A、维生素 C、维生素 E、烟酸或氨基酸时，常可诱发本病。

（6）遗传因素。

遗传因素与黄褐斑的发生有密切关系，国外资料介绍 30% 的患者有家族史。

2. 雀斑

雀斑是极为常见的、发生在日光暴露区域的褐色、棕色点状色素沉着斑，多为圆形或卵圆形，表面光滑，不高出于皮肤，互不融合，分布左右基本对称，无自觉症状，有随年龄增长逐渐减轻的倾向，女性居多。

雀斑系常染色体显性遗传性色素沉着病，与日光照射有明显关系，其斑点大小、数量和色素沉着的程度随日晒而增加或加重。

3. 瑞尔黑变病

瑞尔黑变病多发于中年女性，以面部为主的淡黑色色素沉着性皮肤病。发病初期，局部皮肤潮红，有痒感或灼热感，以后逐渐变为弥漫性褐色或深灰褐色的斑片，有的呈暗红色，有的斑片呈致密的网状，边缘不清，其周边可见点状的毛孔性的小色素斑点，主要发生在面部，前额、颞部、两颧部位较明显。

4. 炎症后色素沉着

炎症后色素沉着是皮肤急性或慢性炎症后出现的色素沉着，浅褐色至深褐色，散状或片状分布，表面平滑，若局部皮肤长期暴露于日光中和受热刺激，色素斑可呈网状，并有毛细血管扩张现象。

三、皮肤痤疮

（一）痤疮的定义

痤疮是青春期常见的一种毛囊皮脂腺的慢性炎症性疾病。多发于面、背、胸部等含皮脂腺较多的部位。主要以粉刺、丘疹、脓包、结节、囊肿及瘢痕多种皮损为特征。

（二）痤疮的成因

迄今为止，医学界对痤疮的发生原因还没有一个明确的论断。一般认为，痤疮的发生是多种因素共同作用的结果。

1. 遗传

据研究表明，73% 的痤疮患者与遗传有关。有的家族中好几代人患有痤疮。遗传是决定皮脂腺大小及其活跃程度的一个重要因素。

2. 皮脂腺增大、皮脂分泌增多

皮脂是痤疮发展过程中的关键因素。皮脂腺不停地产生皮脂，通过毛囊漏斗部排出到表皮表层。由于雄激素、黄体激素、肾上腺皮质激素、下丘脑垂体激素等可促进皮脂腺分泌，尤其是青春期皮脂量大增，因此痤疮容易发生。女性在月经前期，由于体内黄体激素的增加也会刺激皮脂腺，导致粉刺增多。

青春期开始雄性激素分泌增加，刺激皮脂腺细胞脂类合成，引起皮脂增多，皮脂淤积于毛囊口而形成脂栓。同时皮脂又是痤疮丙酸杆菌的"养料"，痤疮丙酸杆菌被皮脂"喂饱"后排泄大量炎性副产物，促使痤疮发展。

3. 毛囊漏斗部角质细胞粘连性增加，在开口处堵塞

毛囊漏斗部就像花瓶的颈口一样，本来就比较狭窄，再加上受激素影响，诱发该处角质细胞粘连性增加，使管口变得更窄，甚至闭塞，导致过度合成的皮脂不能顺利排出，淤积于毛囊口形成脂栓，即白头粉刺。在海滨和高原上的强日光浴后，会出现粉刺恶化现

象，也是由于角质层在物理刺激和紫外线照射下其角质化速度增快变得肥厚造成的。

4. 痤疮丙酸杆菌大量繁殖，分解皮脂

皮肤及毛囊内的常住菌有痤疮丙酸杆菌、表皮葡萄球菌、马拉色菌，毛囊皮脂腺深部还有蠕形螨的寄生。这些微生物在痤疮的形成过程中，可因皮脂腺管口角化或毛囊漏斗部被堵塞而形成一个相对缺氧的环境，使厌氧的痤疮丙酸杆菌被困在毛囊里，大量繁殖，并分解皮脂，排泄具有毒素的副产物。这些副产物在痤疮发炎过程中起着关键作用。

5. 毛囊皮脂腺结构内炎症剧烈破坏毛囊

当毛囊口闭塞时，大量皮脂堆积排不出去，痤疮丙酸杆菌将皮脂转化为游离脂肪酸，游离脂肪酸作用于毛囊上皮，产生的各种酶将毛囊壁破坏，引起毛囊周围结缔组织的炎症。

（三）痤疮的表现

1. 粉刺

由于毛囊口角化过度或皮脂腺分泌过盛、排泄不良，老化角质细胞堆积过厚，导致毛囊堵塞而局部隆起。粉刺周围由于炎症反应及微生物或毛囊虫的作用，可演变为丘疹、脓包、囊肿及疤痕。

粉刺分为两种：

> ① 白头粉刺（闭合性粉刺）：堵塞时间短，为灰白色小丘疹，不易见到毛囊口，表面无黑点，挤压出来的是白色或微黄色的脂肪颗粒。
> ② 黑头粉刺（开放性粉刺）：为角蛋白和类脂质形成的毛囊性脂栓，表面呈黑色，挤压后可见有黑头的黄白色脂栓排出。

2. 丘疹

以红色丘疹为主，丘疹中央有变黑的脂栓——黑头粉刺，属于有炎性痤疮。肉眼观察可以看到丘疹一般位于毛囊的顶部，是在表皮下产生的一个小而硬的红肿块。

3. 脓包

以红色丘疹为主，丘疹中央可见白色或淡黄色脓包，破溃后可流出黏稠的脓液，常为继发感染所致。由于脓包的囊壁破裂处较接近皮肤表面，如果处理得当，治愈后一般不会留下疤痕。

4. 结节

炎症向深部发展，皮损处呈硬节状，初期触摸时较痛，与丘疹及脓包不同的是它的囊壁破裂在皮肤较深处，这表示炎症较重，而且牵涉到更多组织。结节化脓破溃后，通常会将炎症扩散到邻近的毛囊，并留下疤痕。

5. 囊肿

皮损处多为黄豆大或花生米大小，暗红色，按之有波动感，呈圆形或椭圆形囊肿。肉眼观察囊肿就像一个覆了膜的凹洞。通常囊肿会随着时间的延长而慢慢扩大，膨胀后的囊壁变得更薄，非常容易因外伤而破裂。当囊壁破裂时将导致严重的炎症，而且此炎症反应很强，散布很广。如果囊肿在组织下破裂，愈后皮肤会留有明显的疤痕。

6. 痤疮疤痕

炎性丘疹受到损害，使真皮组织遭到破坏，形成了疤痕。本来不会留下疤痕的痤疮损害，因采取错误的处理方式可能会留下疤痕。痤疮疤痕可分为以下三种：

> ① 表浅性疤痕：是指皮肤上一种表浅的疤痕。这类疤痕外观较正常皮肤粗糙，多以小环状或线状出现，与其他类似疤痕不同的是表浅性疤痕组织较柔软、平整，当用手捏起疤痕周围的皮肤时，它可以被捏起，随时间延长疤痕会逐渐变平。
> ② 萎缩性疤痕：在炎性丘疹、脓包损害吸收后或处理方式不当而留下的疤痕，为不规则、较浅的凹疤，也称冰锥样疤痕，这种疤痕将伴随终身。
> ③ 肥大性疤痕：在炎性丘疹、结节、囊肿等皮损愈后，或属于疤痕体质的病人，在发生过痤疮的部位上均形成高出皮肤表面，既坚实又硬的肥大性、增生性疤痕。它们表面发光且没有毛囊开口，常发生于下颌、颈、肩、背、胸，也发生于面部。

四、皮肤敏感

（一）皮肤敏感的定义

在美容界，敏感是指机体或细胞受到环境变化刺激的阈值降低或产生变态反应的状态。对于敏感性增高的皮肤，至今为止还没有一个确切的医学或美容学上的定义，其主要特点表现为：一是皮肤很容易对内、外某些不利因素的刺激反应过强（一般人的皮肤能接受的刺激，这类皮肤接受不了），如受到灰尘、花粉、宠物毛发、化妆品中的某些成分等的刺激而出现皮肤急性炎症，产生红斑、丘疹，甚至水肿、糜烂或渗出；另一方面是所产生的皮损不是由于局部刺激，而是局部甚至整体出现病理性免疫反应，即过敏反应所致。

（二）皮肤敏感的成因

皮肤的脆弱敏感是由于角质层表面的皮脂膜遭到破坏，即天然的防御系统受到损害，使皮肤对外来刺激失去了防御能力。一旦皮脂膜遭受破坏，不但保水功能降低，使皮肤变得干燥、发痒，甚至脱皮，而且还会加剧刺激物渗透皮肤表面的过程，对冷、热、触、压的防御力亦随之减弱，极易引起红肿、局部泛红等。

从某种意义来讲，可以将角质层看成是房屋的屋顶，瓦片均匀地放在牢固的屋顶上，可以防止雨水渗透，好的屋顶还可防止暖气从房内渗出（健康的角质层可以起到很好的屏障作用）。如果屋顶被破坏或本身不够牢固（角质层受到损害，变得脆弱敏感），瓦未能盖好，那么瓦片之间可能存在缝隙，使雨水（过敏源）很容易渗进来。如果屋顶很薄或年久失修，还可能变潮湿，绝缘性降低，遇到雷电便会出现问题（过敏反应）。

皮脂膜遭破坏的主要因素如下：

> ① 长期暴露在阳光或污浊的空气中，季节更替、温度骤然变化。
> ② 年龄增长使皮肤分泌功能减退。
> ③ 生理因素、内分泌失调。
> ④ 劣质化妆品刺激或使用碱性肥皂。
> ⑤ 护理不当，过度摩擦，过度清洁，去角质，按摩动作太刺激、时间太长。
> ⑥ 药物使用不当，如长期使用一些强力药霜或激素类药膏。
> ⑦ 过敏体质，特别是极度缺水性皮肤常有敏感现象。

（三）皮肤敏感的表现

当外界环境的过敏源进入皮肤的表皮层时，表皮中的防御系统——朗格汉斯细胞会主动前往捕捉，然后将捕捉到的过敏源往内层渗透交付给真皮层的免疫细胞。一旦过敏源进入肥大细胞后，储存在其内的一种化学物质——组织胺立即会被释放出来。当组织胺释放的时候，会立刻产生医学上典型的三重反应现象：作用于毛细血管壁，产生血管扩张现象，局部出现红疹；改变血管的通透性，大量的水分组织液渗出血管充塞于细胞间，于是出现水肿现象；组织胺造成连锁性的攻击，范围加大扩散，产生泛红现象。当三重反应发生时，皮肤会产生痒、刺、痛的感觉。

在美容放大镜下观察，皮肤呈粉红色，很薄；看起来光滑而清新，仔细观察感觉像羊皮纸。对热和日光十分敏感。受到刺激后通常表现为：起皮疹、发红、发肿，客人自觉症状为发痒、灼烧或刺痛，眼周、唇边、关节、颈部等部位容易干燥及发痒，多有过敏史，如曾有化妆品过敏现象，曾有穿内衣、裤袜等引起皮肤发痒现象等。

五、皮肤毛细血管扩张

（一）皮肤毛细血管扩张的定义

毛细血管扩张是指皮肤或黏膜表面的微细动脉、静脉和毛细血管呈丝状、星状或网状扩张，颜色鲜红，压之不褪色，单发或多发，呈持续过程，大多不能自行消退。

（二）皮肤毛细血管扩张的成因

1. 长期受高温或严寒的过度侵害

高温令皮肤毛细血管扩张，若血管的弹性不足，难以应付强行通过的血流，可导致毛细血管破裂；严寒可使皮肤血管骤然收缩，伴之反射性扩张。

2. 使用不正确的美容方式

若"换肤"不当或使用含汞的化妆品，类固醇激素的乳膏，如肤轻松等，可引起面部潮红、毛细血管扩张。

3. 人为伤害或护理不当

过度蒸面、去角质，使本来脆弱的皮肤不堪重负。

4. 饮用烈性酒和食用辛辣食物

5. 遗传

遗传性良性毛细血管扩张等。

6. 维生素的缺乏

缺乏维生素 C 也可导致血管脆性增加。

7. 感染与中毒

（三）皮肤毛细血管扩张的表现

毛细血管扩张皮肤较薄，表皮下可见呈丝状、星状或网状等破裂或扩张的毛细血管。红色，压之不退。面部皮肤比一般正常肤色红，看上去犹如经过了阳光暴晒，这种皮肤非常敏感，过冷过热、情绪激动时颜色更红。

第五节　眼部皮肤

眼部护理，是指美容师通过一定的非医学手段，对顾客的眼睑部皮肤进行外部保养，预防或缓解眼袋、黑眼圈、鱼尾纹等眼睑部的皮肤问题。

一、眼部的生理结构及特点

1. 眼部的生理结构

眼睑分上、下两部分。上睑较下睑宽而大，上、下睑缘间的空隙称睑裂。睑裂边缘为睑缘宽约2mm。睑缘也称灰线，灰线前缘有睫毛，后缘有睑板线开口。上睑与下睑交界处为内眦、外眦。内眦部有泪阜，上下睑缘各有一泪乳头及泪点，泪点紧贴球结膜，泪液经此泪小管入泪囊，最后经鼻泪管由下鼻道流出，如图2-5所示。

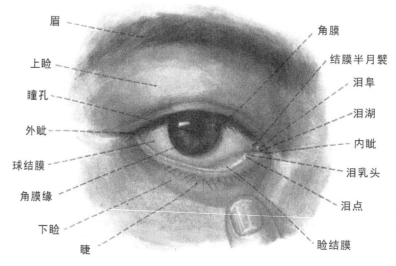

图 2-5　眼部生理结构示意图

眼睑由前向后共分为六层：

（1）皮肤：眼睑皮肤为人体最薄的皮肤之一，因此易形成皱褶。

（2）皮下组织：由疏松的结缔组织构成，弹性较差，易推动，常因水肿或出血而肿胀。

（3）肌层：包括眼轮匝肌，提上睑肌和苗氏肌。眼轮匝肌是睑裂括约肌，起自内眦韧带，止于外眦韧带，平行于睑裂方向，收缩时引起睑裂关闭。提上睑肌主要功能是提上睑，而苗氏肌则在受惊时收缩使眼裂开大。

（4）肌下组织：与皮下组织性质相同，位于眼轮匝肌与睑板之间，有丰富的血管神经。

（5）睑板：呈半月形，由强韧的纤维组织构成，是眼睑的支架。

（6）睑结膜：为覆盖于眼睑后面的黏膜层，起减轻摩擦、保护眼睛的作用。

眼部涉及的主要神经、血管有：

（1）眼睑神经：眼睑周围的神经主要有眶上、眶下神经，滑车上、下神经，泪腺神经和面神经的颞支、颊支、颧支等。

（2）眼睑部血管：睑内、外眦动脉在肌下疏松组织内，距睑缘约 3mm 处形成血管弓，静脉与其伴行，神经与血管伴行。

（3）淋巴回流：淋巴回流至颌下淋巴结、耳前和腮腺淋巴结。

2. 眼部皮肤的特点

眼睑皮肤比脸部皮肤薄、细嫩，对外界刺激较敏感。皮下结缔组织薄而疏松，水分多，弹性较差，容易引起水肿。以眼轮匝肌和提上睑肌构成的眼部肌层薄而娇嫩，脂肪组织少，加之眼部每天开合次数打 1 万次以上，故很容易引起肌肉紧张，弹性降低，出现眼袋、松弛、皱纹等现象。眼部周围皮脂腺和汗腺很少，水分很容易蒸发，皮肤容易干燥、衰老。

二、常见眼部损美问题

由于眼部特殊的生理结构，导致眼部容易出现疲劳、浮肿、黑眼圈、眼袋、鱼尾纹、脂肪粒等损美现象。

1. 眼袋

眼袋是指下睑皮肤、眶隔膜松弛，眶脂肪脱出，于睑下缘上方形成袋状膨大。

（1）眼袋的类型。

暂时性眼袋是指因睡眠不足、用眼过度、肾病、怀孕、月经不调等导致的血液、淋巴液等循环功能减退，造成暂时性体液堆积，称之为眼袋。它可以通过一些护理手段得以改善，但如不及时治疗，日积月累也会形成永久性的眼袋，特别是年龄较大的人。

（2）永久性眼袋，分为以下四种类型：

①下睑垂挂畸形型：由于年龄的增大，整个机体功能的衰退，使皮肤、肌肉松弛所致。

②睑袋型：其主要原因是因为眶内脂肪从松弛的局部间隙渗出所致。

③单纯脂肪膨出眼袋型：此类型多为年轻人，与遗传因素有关。

④肌性眼袋型：主要原因为眼轮匝肌肥厚。

永久性眼袋一旦形成，只能通过整形美容手术去除，因此，美容师决不能盲目承诺治疗效果而招致不必要的纠纷。

（3）眼袋的成因。

①年龄因素：人到中老年，由于眼睑皮肤逐渐松弛，皮下组织萎缩，眼轮匝肌和眶隔膜的张力降低，因此出现脂肪堆积，形成眼袋，主要是下睑垂挂畸形型。

②遗传因素：有家族遗传史者眼袋可出现于青少年时期，且随着年龄的增长越加明显，多为单纯脂肪膨出眼袋型。

③ 疾病因素：如患有肾病者会因血液、淋巴液等循环功能弱，造成眼睑部体液堆积而形成或加重眼袋。

④ 生活习惯：疲劳、失眠、经常哭泣，戴隐形眼镜时不正确的翻动、拉扯、搓揉眼部，使之失去弹性而松弛。

2. 黑眼圈

当眼周皮下静脉血管中的血液循环不良，导致眼周淤血或眼周皮肤发生血色素滞留时，均会使上、下睑皮肤颜色加深，出现黑色、褐色、褐红色或褐蓝色的阴影。

黑眼圈的形成原因目前还不十分清楚，可能为常染色体显性遗传，但长期睡眠不足、过度疲劳、肝胆疾病、内分泌紊乱、局部静脉曲张、外伤和化妆等都可导致黑眼圈的形成。

① 睡眠不足、疲劳过度：当人体疲劳过度，特别是夜间工作眼睑长时间处于紧张状态时，会使该部位的血流量长时间增加，引起眼睑皮肤结缔组织血管充盈，导致眼圈淤血，滞留下阴影。

② 肝肾阴虚或脾虚：根据中医理论，黑眼圈是肝肾阴虚或脾虚的一种皮肤表现。肾气耗伤则肾之黑色浮于上，因此眼圈发黑，同时伴有失眠、食欲不振、心悸等症状。

③ 月经不调：黑眼圈还常出现于月经不调的患者身上，多见于未婚女青年。患有功能性子宫出血、原发性痛经、月经紊乱等，均会出现黑眼圈。这些情况或多或少兼有贫血或轻度贫血。在苍白的面色下黑眼圈会显得更突出。

④ 遗传。

⑤ 生活习惯：吸烟过多，盐分摄入过量等均可导致黑眼圈。

3. 鱼尾纹

在眼角外侧的皱褶线条称为鱼尾纹，由于其形态类似鱼尾翼纹线，故称鱼尾纹。

鱼尾纹的成因有以下几个方面：

① 年龄因素：由于皮肤衰老、松弛、胶原纤维和弹性纤维断裂而形成，是面部皮肤衰老最早的征象，也是人衰老的主要标志。

② 表情因素：做某种表情所形成的，如人笑的时候，眼角会形成自然的鱼尾纹。

③ 环境因素：阳光的照射、环境的污染或环境温度过高、过低，也会使皮肤的胶原蛋白及粘多糖体减少，眼部的弹性纤维组织折断，从而产生鱼尾纹。

④ 生活习惯：洗面的水温过高或过低，以及吸烟过多等。

4. 其他

（1）脂肪粒（医学上又称粟丘疹）。

脂肪粒是针尖至粟粒大的白色或黄色颗粒状硬化脂肪。呈小片状，单独存在，互不融合，埋于皮内，容易发生在较干燥、易堵塞或代谢不良的部位，如眼睑、面颊及额部。

脂肪粒的成因有以下几个方面：

① 新陈代谢缓慢，皮肤毛孔堵塞：皮肤长期缺乏清洁保养或使用油性过大的眼霜、日霜等化妆品，毛孔阻塞，油脂无法排泄，使皮脂硬化形成脂肪粒。

② 饮食失调：由于重要营养素的吸收不当，使血液与淋巴系统无法供给皮肤正常的营养，引起皮肤干燥、代谢不良、油脂聚积、不易排出。

③ 干燥缺乏保养：长期缺乏滋润保养，表皮偏干，油脂不易排出。

④ 皮肤的微小伤口。

（2）眼疲劳。

眼睛水晶体周围的肌肉负责对焦，肌肉太疲劳就会导致眼睛疲劳和视力减弱，眼睛干涩，出现红血丝、流泪、眼花等现象，这些都是眼疲劳的症状，尤其是长期伏案工作或使用计算机工作的人群更容易出现眼疲劳，严重的还会出现肩、颈、头痛等症。

眼疲劳的成因有以下几个方面：

① 用眼过度，导致眼周肌肉疲劳。

② 眼液减少，眼睛干燥。

③ 各种外来刺激和污染，导致眼部肌肉及神经紧张。

（3）浮肿。

眼部浮肿是由于过多的体液积于皮下组织而引起的眼部皮肤肿胀。长时间浮肿会导致眼部细胞缺乏营养，毛细血管的间隙加大，充斥体液而使养分流失，细胞受损。浮肿消失后皮肤会发黄、发青，出现皱纹。

浮肿的成因有以下几个方面：

① 用眼过度。

② 睡眠时间过长或过短。

③ 睡觉前饮水过多，体液排泄不畅而积于皮下。

④ 哭泣。

第六节　唇部皮肤

唇部对抗环境侵扰的耐力是整个身体肌肤中最弱、最容易"衰老"的。唇上的皮肤一直裸露在外，很容易受环境的侵害，因此唇部的护理是美容护理内容之一。

一、唇部的生理结构及特点

唇为面部活动范围最大的两个瓣状软组织结构，如图 2-6 所示。

1. 皮肤

有丰富的汗腺、皮脂腺和毛囊，为疖肿好发部位。

2. 肌肉

位于唇部皮肤与黏膜之间。唇部的肌肉主要是口轮匝肌。口轮匝肌为环状肌肉，具有内、外两层纤维。内层纤维很厚，位于口唇的边缘，不与颌骨附着，收缩时可使口唇缩小；外层纤维很薄，与颌骨附着，并与面部的肌肉（如上唇方肌、下唇方肌、颧肌、笑肌、颊肌和三角肌）相连。其主要机能是将口唇附着在上下颌骨上。另外，可使口唇与面部肌肉密切相连。

3. 黏膜

位于唇内面，黏膜下有许多黏膜腺。

4. 唇红

上下唇黏膜向外延展形成唇红。唇红部上皮有轻度角化，结缔组织有高的乳头伸入上皮，乳头中有丰富的毛细血管，使血液的颜色透出来而发红。唇红部上皮较薄、易受损伤或损害，此处有皮脂腺，无小汗腺与毛发。唇红部表面为纵行细密的皱纹。

5. 唇弓

唇红与皮肤交界处为唇红缘，形态呈弓形，故称为唇弓，还被西方画家称为"爱神之弓"。

6. 血管、神经

唇部的血液供应来自颈外动脉与颈内动脉的分支。唇部感觉由眶下神经和颏神经支配，唇部肌肉由面神经支配。

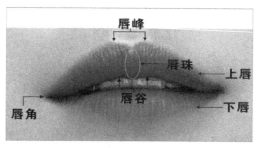

图 2-6　唇部的生理结构

二、唇部问题的成因

（1）身体不健康，气血不畅，唇部易干燥，无血色。

（2）护理不当，不注意唇部的保养。

（3）长期使用着色力较强的持久型粉质唇膏。

（4）经常无意识地咬、舔嘴唇，损伤保护膜，引起肿胀、掉皮、发炎。

（5）正在服用抗组织胺、感冒咳嗽的药，利尿剂也会使唇部上的黏膜变得干燥。

（6）阳光中的紫外线照射可使唇部干燥、龟裂、严重者会起泡。

（7）长期生活在干燥的环境中。

（8）单纯性疱疹病毒的侵袭。

第三章 人体的骨骼和肌肉

本章学习目标

1. 掌握头面部骨骼、肌肉的结构与特性
2. 掌握肩颈、躯干的骨骼、肌肉的结构与特性

第一节 头面部骨骼

颅是头面部骨骼的总称，它是头部重要器官的支架和保护器。颅骨分为面颅和脑颅。

一、脑颅

脑颅位于脑的后上方，构成颅腔，容纳脑和脑膜，保护着颅脑，如图 3-1 所示。脑颅共 8 块，其中不对称骨 4 块：额骨、枕骨、筛骨、蝶骨。成对骨 4 块：顶骨、颞骨各 2 块。

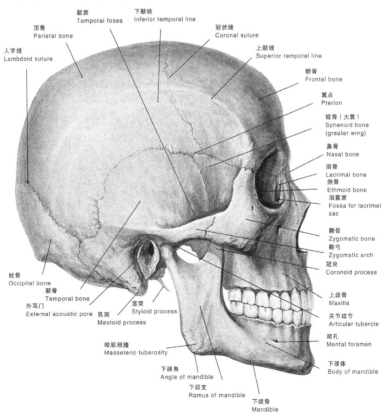

图 3-1 脑颅骨骼示意图

1. 额骨

位于脑颅的前上部，构成长方形的前额。

2. 枕骨

位于脑颅的后下部，呈勺状，构成颅底。

3. 蝶骨

位于颅底的中部，枕骨前方。形似蝴蝶，与脑颅各骨均有连接。

4. 筛骨

位于蝶骨的前方、额骨下方和左右两眼眶之间，为含气的海绵状轻骨。

5. 顶骨

左右各一，位于脑颅顶中线两侧，形成脑颅的圆顶。

6. 颞骨

左右各一，位于脑颅的两侧，其下部有外耳门。

二、面颅

面颅位于头的前下方，为眉以下、耳以前的部分，如图 3-2 所示。面颅起维持面形、保护容纳感觉器官的作用。面颅 15 块，其中不对称骨 3 块：梨骨、下颌骨、舌骨。成对骨 12 块：鼻骨、泪骨、下鼻甲骨、颧骨、上颌骨、腭骨各 2 块。

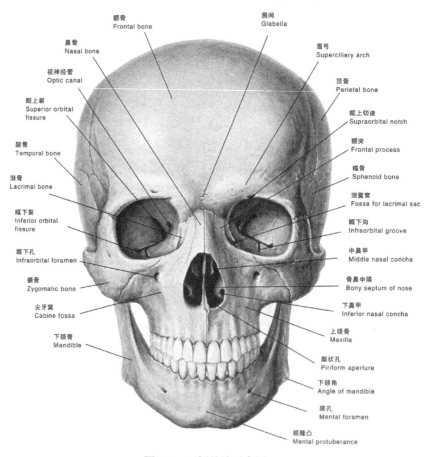

图 3-2　面颅骨骼示意图

1. 梨骨

为斜方形薄骨板，构成鼻中隔骨部的后下部。

2. 鼻骨

位于两眼眶之间，构成鼻梁的硬部。

3. 泪骨

位于两眼眶内侧壁的前部，是脆弱细小的薄骨片。

4. 下鼻甲骨

为一对卷曲的薄骨片，呈水平状，附于鼻腔的外侧壁。

5. 颧骨

位于上颌骨的外上方，形成两侧突出的面颊。

6. 上颌骨

位于面部中央，构成眼眶下壁、鼻腔下部，其下缘游离，为牙槽缘。

7. 腭骨

位于上颌骨的后方。

8. 下颌骨

位于颜面的前下方，居上颌骨之下，形成整个下颌部。分下颌体和下颌支两部分。下颌体与下颌支形成下颌角，这个角度的大小，决定了脸型的长或圆。

9. 舌骨

是颅骨中唯一的一块游离骨，借肌肉、韧带之力悬于颈前正中部分，在喉的上方，形状呈"U"形。

第二节 头面部肌肉

头肌可分为表情肌和咀嚼肌两类。表情肌位于脸部正面，肌肉在不同的情绪影响下，牵动皮肤就会产生细致而复杂的面部表情，故称表情肌。咀嚼肌分布在下颌关节周围，运动下颌关节，产生咀嚼运动，并协助说话。

一、表情肌

表情肌又称面肌，大都分布于额、眼、鼻、口周围，起始于颅骨，止于面部皮肤，如图 3-3 所示。它收缩时使面部皮肤形成许多不同的皱褶与凹凸，赋予颜面各种表情，并参与语言和咀嚼等活动。表情肌主要有下列几种：

1. 额肌

起始于眉部皮肤，终止于帽状腱膜。收缩时可提眉，并使额部出现横向的皱纹。

2. 皱眉肌

起始于额骨，终止于眉中部和内侧部皮肤，可牵眉向内下方，使眉间皮肤形成皱纹。

3. 降眉肌

也称三棱鼻肌，起始于鼻骨下端，向上连接眉头的皮肤，可加强皱眉所形成的表情。

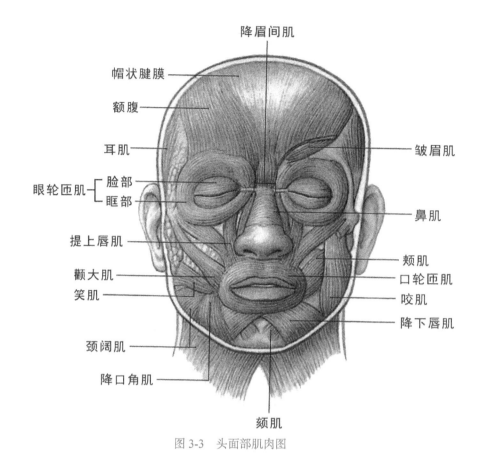

图 3-3　头面部肌肉图

4. 眼轮匝肌

位于眼裂和眼眶周围，为扁椭圆形环形肌肉。收缩时可闭眼或眨眼，使眼外侧出现皱纹等。

5. 鼻肌

为几块扁平的小肌肉，收缩时可扩大或缩小鼻孔，并产生鼻背纵向的细小皱纹。

6. 上唇方肌（又称提上唇肌）

有三个起点，起自内眼角、眶下缘或颧骨，终止于上唇和鼻唇沟部皮肤。收缩时可提上唇，加深鼻唇沟。

7. 颧肌

起始于颧骨，终止于嘴角，移行至下唇。收缩时，可上提嘴角。

8. 笑肌

薄而窄的肌肉。起于耳孔下咬肌的筋膜，横向附着于嘴角的皮肤上。收缩时，牵引嘴角向外，形成微笑，常使面颊上出现一个小窝，俗称"酒窝"。随着年龄增长，这里的皮肤因松弛而形成颊纹。

9. 口轮匝肌

呈环形围绕口裂。内围为红唇部分，收缩时嘴唇轻闭或紧闭，外围收缩时，使嘴唇突起。

10. 降口角肌

呈三角形，位于下唇外方，覆盖下唇方肌，附着于嘴角皮肤。收缩时，牵引嘴角向下。

11. 下唇方肌

　　属于深层肌肉，起始于下颌骨下缘，终止于口角和下唇皮肤。收缩时，向下向外牵引下唇。

12. 颏肌

　　起始于下颌侧切牙牙槽外面，终止于颏肌皮肤。收缩时，可上提颏部皮肤并使上唇前凸。

13. 颊肌

　　位于上下颌骨之间，紧贴口腔侧壁颊黏膜。收缩时使口唇、颊黏膜紧贴牙齿，帮助吸吮和咀嚼。

二、咀嚼肌

　　咀嚼肌附着于上颌骨边缘、下颌角旁的骨面上，产生咀嚼运动，并协助说话。

1. 颞肌

　　起自颞窝，通过颧弓下缘，止于下颌支外。收缩时，可上提下颌骨，因而紧扣颌骨，用力压在牙齿上，使上下牙齿强力咬合。

2. 咬肌

　　也称嚼肌。起于颧弓下缘，止于下颌支外。收缩时，可上提下颌骨，因而紧扣颌骨，用力压在牙齿上，使上下牙齿强力咬合。

　　无论面部肌肉生长多么复杂，其形成的皱纹走向都与肌肉纹路走向垂直，如额部肌肉纹路是纵向的，它所产生的皱纹就是横向的。

第三节　肩、颈、躯干的骨骼与肌肉

一、肩、颈、躯干部骨骼（见图 3-4）

1. 锁骨

　　构成颈、胸交界处的呈"～"形细长骨骼，左右各一块。

2. 肩胛骨

　　位于胸廓的后外上方的三角形扁骨，左右各一块。

3. 肱骨

　　构成上臂的长骨。它的上端与肩胛骨、锁骨共同构成肩关节。

4. 桡骨

　　位于前臂外侧（拇指侧）的长骨。

5. 尺骨

　　位于前臂内侧（小指侧）的长骨。

6. 股骨

　　位于大腿部，为人体最长和最大的长骨，其长度约占人体身高的 1/4。

7. 胫骨

　　位于小腿内侧的长骨，也是小腿主要的负重骨，故较粗壮。

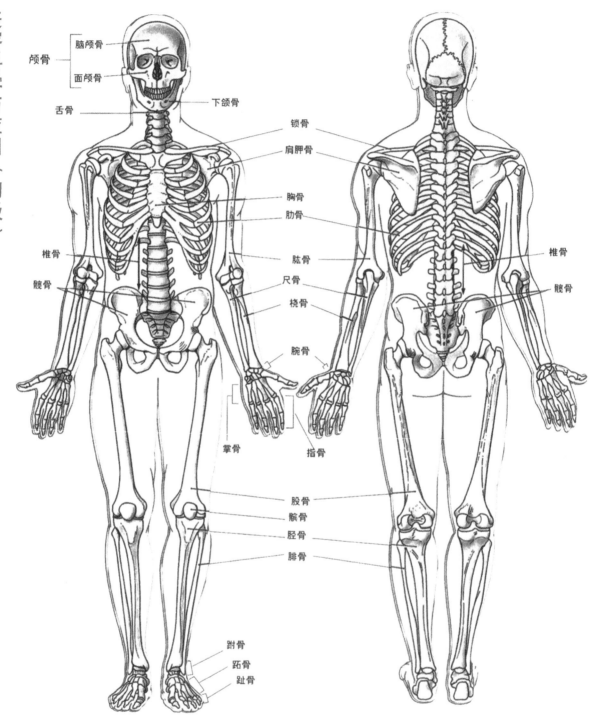

颅骨 { 脑颅骨
面颅骨 }

舌骨

下颌骨

锁骨

肩胛骨

胸骨

肋骨

肱骨

尺骨

桡骨

腕骨

掌骨

指骨

椎骨

髋骨

椎骨

髋骨

股骨

髌骨

胫骨

腓骨

跗骨

跖骨

趾骨

图 3-4　全身骨骼示意图

8. 腓骨

　　位于小腿外侧的长骨，细而长，不直接负重。主要功能是扩大肌肉的附着面并加强胫骨的作用。

9. 脊柱（见图3-5）

　　位于人体的中央，成年后的椎骨总数为26块，即颈椎骨7块、胸椎骨12块、腰椎骨5块、骶骨1块、尾骨1块。脊柱共有4个生理性弯曲，颈椎及腰椎部分向前凸，胸椎和骶骨向后凸。

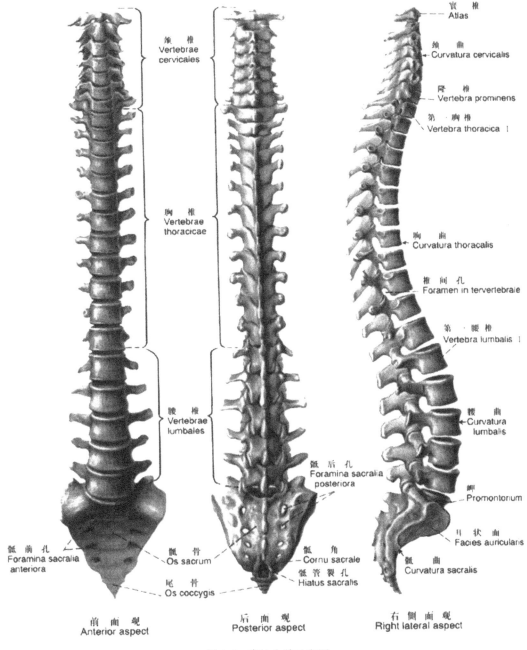

图3-5　脊柱全貌示意图

二、颈、肩、躯干部肌肉（见图 3-6）

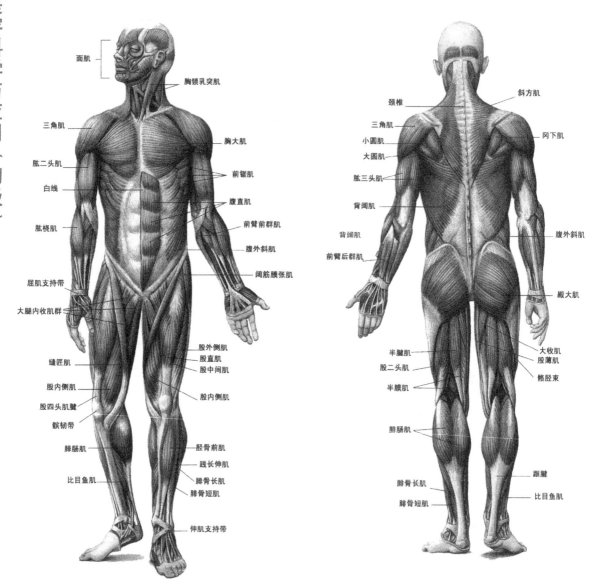

面肌
胸锁乳突肌
三角肌
胸大肌
肱二头肌
前锯肌
白线
腹直肌
肱桡肌
前臂前群肌
腹外斜肌
阔筋膜张肌
屈肌支持带
大腿内收肌群
股外侧肌
股直肌
缝匠肌
股中间肌
股内侧肌
股内侧肌
股四头肌腱
髌韧带
腓肠肌
胫骨前肌
比目鱼肌
趾长伸肌
腓骨长肌
腓骨短肌
伸肌支持带

颈椎
斜方肌
三角肌
小圆肌
冈下肌
大圆肌
肱三头肌
背阔肌
背阔肌
腹外斜肌
前臂后群肌
臀大肌
半腱肌
大收肌
股二头肌
股薄肌
半膜肌
髂胫束
腓肠肌
腓骨长肌
跟腱
腓骨短肌
比目鱼肌

图 3-6　全身骨骼肌

1. 斜方肌

　　位于颈部和背上部的浅层，为三角形的阔肌，左右各一块，合在一起呈斜方形。收缩时可以使肩胛骨运动并参与头部转动。

2. 背阔肌

　　位于背的下半部和胸的后外侧，收缩时可以控制手臂的摇摆动作。

3. 三角肌

　　位于肩上的三角形肌肉，使肩部外形丰隆。收缩时可以控制肩关节活动，抬举、转动上臂。

4. 胸大肌

位于胸廓的前下部，浅居皮下，为扇形肌，宽而厚，起于锁骨内侧，止于肱骨大结节下方，可使肱骨内收及内旋，若上肢固定，则可上提肋，扩大胸廓，帮助呼吸。女性乳房附着在胸大肌上，胸大肌强健可使女性胸部更加健美。

第四章　中医美容

本章学习目标

1. 了解中医美容概念及阴阳学说、五行学说、藏象学说的概念
2. 熟悉头面部美容经穴的位置、作用及按摩方法
3. 掌握经络的基本知识与十四经脉的循行位置、作用、养生方法及起止穴位

第一节　中医美容概述

中医美容是一门以人体健美为对象，由多种基础、临床学科相互交叉而成的新兴的中医学科，是在中医基本理论及具有中国特色的人体美学理论的指导下，运用中医特有的方法，研究损美性疾病的防治和损美性生理缺陷的掩饰或矫正，探讨防病健身、延衰驻颜的方法，以达到维护、修复、塑造人体形神美为目的的专门学科。

中医美容有着悠久的历史和坚实的理论基础，注重整体联系，将容颜与脏腑、经络、气血紧密联结，中药内服、外敷、针灸、推拿、气功及食膳等手段均体现出动中求美的观点，使经气畅通，并且简便易行、安全可靠，作用广泛而持久。中医美容在保健美容领域和治疗损美性皮肤病方面独具特色，从而显示了它所蕴藏的特殊潜力。

一、阴阳概念

阴阳属于古代哲学的范畴，最初的涵义很朴素，是指阳光的向背，即向阳的一面为阳，背阳的一面为阴。后来人们发现自然界许多事物和现象都存在着相互对立的两个方面，如天与地、黑与白、寒与热、动与静等，于是就用阴和阳这两个有相对意义的概念来加以说明和解释。由于阴阳是有名而无形的，故以水火的特性作为阴阳基本特性的征象。所谓"水火者，阴阳之征兆也"。

阴阳是对自然界相互关联的某些事物和现象对立双方的概括，阴和阳既可代表两个相互对立的事物，也可以代表同一事物内部相互对立的两个方面。同时相互对立的两个方面都处于不断的运动变化之中，其运动的形式有对立、消长、依存、转化。

二、五行概念

"五"是指木、火、土、金、水五种物质，"行"即运动变化。五行最初称为"五材"，即木、火、土、金、水是日常生活和生产活动中不可缺少的最基本物质。如木可盖房、作燃料；火可熟食、取暖；土可种植万物；金可制作劳动工具；水是人体的基本元素。进一步引申运用，认为世界上一切事物，都是由木、火、土、金、水这五种物质相结合及运

动变化产生的。五行之间的联系主要是相生相克的运动变化。五行应用于医学领域，以系统结构观点来观察人体，阐述人体局部与局部、局部与整体之间的有机联系，以及人体与外界环境的统一。

三、藏象概念

藏，即内脏，含隐藏之意，指体腔内的脏器，包括五脏六腑、奇恒之腑；象，一指形象、形态，二指现象、征象。藏象，既指人体内脏的形态，又指人体内脏的功能活动在外部的表现，也指体内脏器表现于外的生理、病理现象。张介宾《类经》说："象，形象也。藏居于体内，形见于外，故曰藏象"。故藏象的基本含义是指人体的脏腑虽藏于体内，但其生理功能及病理变化都有征象表现于外。

人的形体、容貌作为身体的重要组成部分，与人体内在脏腑的功能保持着密切的联系。只有内脏功能正常发挥，人的形体、容貌才能处于健美状态。反之，人的形体、容貌也是人体内脏功能的一面镜子，通过观察形体、皮肤、毛发等的生理状态，可以测知内脏功能的状况。

第二节　经络知识简述

一、经络的概念

1. 经络

经络是经脉和络脉的总称，是运行全身气血，联络脏腑体表，沟通上下内外，调节体内各部分功能相对平衡的通路。

2. 经脉

经脉贯通人体的上下，沟通内外，是经络系统中的主干，呈干状分布。

3. 络脉

络脉是经脉别出的分支，较经脉细小，纵横交错，遍布全身，呈网状分布。

经络内属脏腑，外络体表，运行全身气血，沟通脏腑与体表之间，通过有规律性的循行和错综复杂的联络交会，把人体脏腑、组织器官联结成一个有机的统一整体，并借以运行气血，使人体各部的功能活动保持协调和相对平衡。

二、经络系统的组成 （见图 4-1）

1. 经络的组成

经络由经脉和络脉组成。

2. 经脉

经脉分为正经和奇经两大类。

> ① 正经：正经有十二条，即手、足三阴经和手、足三阳经，合称"十二经脉"。
>
> ② 奇经：奇经有八条，即督脉、任脉、冲脉、带脉、阴跷脉、阳跷脉、阴维脉、阳维脉，合称"奇经八脉"。

3.络脉

络脉由别络、浮络、孙络组成。

① 别络：别络较大，共有十五。其中十二经脉、任脉与督脉各有一支别络，再加上脾之大络，合为"十五别络"。别络有本经别走邻经之意，其功能是加强表里阴阳两经的联系与调节作用。

② 浮络：络脉浮行于浅表部位的称为"浮络"。

③ 孙络：络脉最细小的分支称为"孙络"。

4.其他

在经络系统中，除了经脉与络脉以外，还有十二经别、十二经筋和十二皮部。

① 十二经别：十二经别是十二经脉别出的正经，也属于经脉范围，它的作用除了加强表里两经联系之外，还能通达某些正经未能行经的器官与形体部位，以补正经的不足。

② 十二经筋：十二经筋是十二经脉循行部位上分布的筋肉系统的总称，有联络四肢百骸、维络周身，主司关节运动的作用。

③十二皮部：十二皮部是十二经脉在体表一定皮肤部位的反应区。

由于十二经筋与十二皮部的分布和十二经脉在体表的循行部位一致，因此它们都是按照十二经脉命名的。

经络系统	经脉	十二经脉	手三阴经	手太阴肺经：起于中府，止于少商
				手厥阴心包经：起于天池，止于中冲
				手少阴心经：起于极泉，止于少冲
			手三阳经	手阳明大肠经：起于商阳，止于迎香
				手少阳三焦经：起于关冲，止于丝竹空
				手太阳小肠经：起于少泽，止于听宫
			足三阴经	足太阴脾经：起于隐白，止于大包
				足厥阴肝经：起于大敦，止于期门
				足少阴肾经：起于涌泉，止于俞府
			足三阳经	足阳明胃经：起于承泣，止于厉兑
				足少阳胆经：起于瞳子髎，止于足窍阴
				足太阳膀胱经：起于睛明，止于至阴

图 4-1　经络系统的组成

经络系统	经脉	奇经八脉	任脉：任脉起于会阴，止于承浆
			督脉：督脉起于长强，止于龈交
			冲脉
			带脉
			阴跷脉
			阳跷脉
			阴维脉
			阳维脉
		附属部分 十二经脉	十二经别
			十二经筋
			十二皮部
	络脉	十五别络	从十二经脉及任脉、督脉各分出一支别络，再加上脾之大络
		孙络	细小的络脉
		浮络	浮现于浅表的络脉

图 4-1　经络系统的组成（续）

三、十二经脉

1. 十二经脉的名称分类

十二经脉，有手经、足经、阴经、阳经之分，如图 4-2 所示，即十二经脉分为手三阴经、手三阳经、足三阴经、足三阳经四组。这是根据各经所联系内脏的阴阳属性及其在肢体循行位置的不同而定的。阳经属腑，行于四肢的外侧；阴经属脏，行于四肢的内侧；手经行于上肢，足经行于下肢。

	阴经（脏）	阳经（腑）	循行部位（阴经行于内侧，阳经行于外侧）	
手	太阴肺经 厥阴心包经 少阴心经	阳明大肠经 少阳三焦经 太阳小肠经	上肢	前线 中线 后线
足	太阴脾经 厥阴肝经 少阴肾经	阳明胃经 少阳胆经 太阳膀胱经	下肢	前线 中线 后线

图 4-2　十二经脉的名称分类图

十二经脉各组中的名称分别如下：

① 手三阴经：手太阴肺经、手厥阴心包经和手少阴心经。
② 手三阳经：手阳明大肠经、手少阳三焦经和手太阳小肠经。
③ 足三阴经：足太阴脾经、足厥阴肝经、足少阴肾经。
④ 足三阳经：足阳明胃经、足少阳胆经、足太阳膀胱经。

2. 十二经的循行走向与交接规律

手、足三阴、三阳经脉的走向和相互交接的规律是：手三阴，从腹走手，交手三阳；手三阳，从手走头，交足三阳；足三阳，从头走足，交足三阴；足三阴，从足走腹，交手三阴。这样就构成了一个"阴阳相贯，如环无端"的循环经路。

四、奇经八脉

奇经八脉是督脉、任脉、冲脉、带脉、阴维脉、阳维脉、阴跷脉、阳跷脉的总称。由于它们与脏腑没有直接相互"络属"的关系，相互之间也没有表里配合，与十二正经不同，故称"奇经"。

奇经八脉交叉贯穿于十二经脉之间，具有加强经脉之间的联系，调节正经气血的作用。

1. 督脉

督脉循行于腰背正中，上至头面，总督一身之阳经，各条阳经均来交会，故有"阳脉之海"之称，并有支脉络肾、贯心，可调节全身各阳经之经气。

2. 任脉

任脉循行于胸腹正中，上抵颏部。总任一身之阴经，各条阴经均来交汇，故有"阴脉之海"之称，可调节全身各阴经之经气。

经络系统是气血运行的通道，它将内脏与皮肤连接起来，把内脏的气血输送到皮肤组织，即皮肤要得到气血的滋养，必须依赖于经络系统通畅的运输功能，也就是气血是皮肤新陈代谢的物质基础，而经络为其运输的通道，一旦经络系统功能紊乱，失去其运输功能，皮肤就不可能保持其正常的弹性、颜色和光泽了。

经络内属于脏腑，外络于肢节，对经络和经络上穴位的适当按摩刺激，可以激发经络的功能活动，发挥其调节内脏、加强局部气血运行的作用，可促进新陈代谢，使皮肤充满活力。

从经络循行规律来看，经脉（特别是十二经脉）集中汇聚于面部。手足三阳经交接于面部，手足三阴经通过经别与阳经交汇于面部。此外，奇经八脉也直接或间接与面部发生关系。

五脏六腑的气血都通过经络系统集中输注于面部，为面部皮肤的新陈代谢提供了丰富的物质基础。中医学认为，面部皮肤的颜色、光泽是内脏和气血功能活动盛衰的集中外在表现。脏腑功能旺盛，气血充沛，面部皮肤代谢正常，表现为红润、富有光泽和弹性，反之，则表现出各种不健康现象，如面色苍白、晦暗、浮肿等。总之，任何原因所致的脏腑功能紊乱、经络阻塞不通，均可导致颜面气血失于调和，从而破坏了面部皮肤代谢的内环境，造成皮肤脱水、干燥、分泌失常，发生色斑、痤疮等皮肤问题。

对面部以至全身的部分经络、穴位进行适当地按摩刺激，可以加速气血运行、消除代谢物的沉积、补充营养物质，从而有效地调节皮肤组织新陈代谢的内环境，达到护肤养颜的目的。

第三节 面部常用穴位的位置及作用

一、穴位的概念及功能

1.经穴

经穴是十二经脉和任脉、督脉上的穴位的总称，又称十四经穴或十四经腧穴，是脏腑经络之气通达于体表的特殊部位，是脏腑和经络功能在体表的特定反应点。到目前为止，国家经穴定为位于十四经脉上的穴名总数是 362 个，其中单穴 53 个，双穴 309 个。

2.经外穴

经外穴是泛指十四经穴以外的穴位。到目前为止，国家标准的经外穴（包括传统的经外奇穴）共有 48 个。这些穴位有一定的穴名，又有明确的位置，有的甚至也在十四经脉循行线上，但未列入十四经脉系统的穴位都称经外穴，如头部的太阳穴、印堂穴等。

3.经穴的功能

全身每个经穴都具有三个方面的主治功能，即局部治疗功能、临近治疗功能、远端和全身治疗功能。例如，合谷穴可治局部手腕肿痛、手麻等，也可治疗邻近上肢瘫痪等症，还可治远端疾病头痛、全身性发热；足三里可治局部膝关节附近疼痛，可治邻近下肢疼痛，还可治远端胃肠疾患。

每个穴位的局部和邻近治疗作用，是以腧穴所在部位作为基础的；远端和全身性治疗作用，是以经脉作为基础的。

二、取穴定位

1.整体取位名称

> 上：靠近头的顶部称为上。
>
> 下：靠近足底称为下。
>
> 前：靠近胸腹侧称为前。
>
> 后：靠近腰背侧称为后。
>
> 深：远离皮肤表面的称为深。
>
> 浅：靠近皮肤表面的称为浅。
>
> 内侧：靠近身体正中线的称为内侧。
>
> 外侧：远离身体正中线的称为外侧。

2.取穴指寸定位法

这里提到的"寸"与通常情况下的度量长度单位中的"寸"是不一样的。指寸定位法是依据手指所测定的分寸以量取腧穴的方法。其法有三。

① 中指同身寸：以中指中节桡侧两端纹头（中指屈曲形成环形）之间的距离作为 1 寸，如图 4-3 所示。

② 拇指同身寸：以拇指的指间关节的宽度作为 1 寸，如图 4-4 所示。

③ 横指同身寸：四肢伸直、并拢，以其中指中节横纹为准，其四指宽度作为 3 寸，如图 4-5 所示。此法主要用于下肢部。

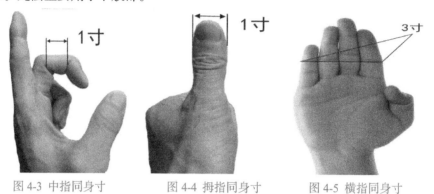

图 4-3 中指同身寸　　　　图 4-4 拇指同身寸　　　　图 4-5 横指同身寸

三、美容按摩常用头面部穴位（见图 4-6 和图 4-7）

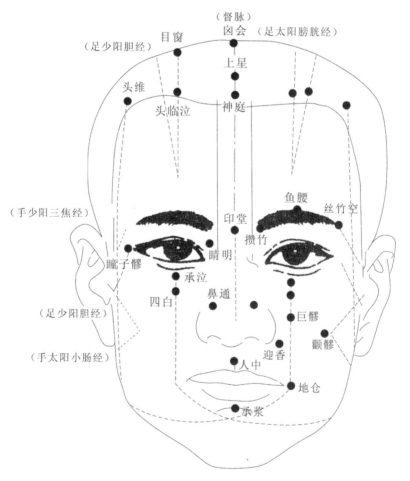

图 4-6　头面部穴位（正面观）示意图

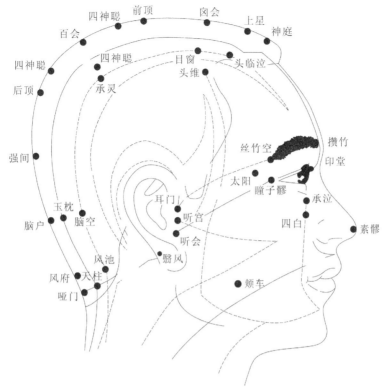

图 4-7 头面部穴位（侧面观）示意图

1. 头部常用穴位

①百会穴
　　定位：两耳尖连线与头部前后正中线在头顶的交点。
　　主治：头痛、眩晕、神经衰弱。

②神庭穴
　　定位：头部正中线，入发际0.5 寸。
　　主治：头痛、眩晕、失眠、目赤肿痛。

③头维穴
　　定位：额角发际直上 0.5 寸。
　　主治：头痛、目眩、流泪、眼睑眴动。

④风池穴
　　定位：枕骨下缘，胸锁乳突肌与斜方肌起始部凹陷处，与耳根相平。
　　主治：头痛、眩晕、感冒、眼病、高血压。

⑤风府穴
　　定位：后发际正中直上 1 寸，枕骨粗隆直下凹陷处。
　　主治：头痛、头晕、中风后遗症、高血压、颈椎病。

2. 眼周常用穴位

① 太阳穴

定位：在眉梢与外眼之间，向后约 1 寸凹陷处。

主治：头痛、偏头痛、感冒、失眠、眼病等。

② 印堂穴

定位：两眉头连线的中点。

主治：头痛、眩晕、失眠等。

③ 睛明穴

定位：眼内眦上方半寸。

主治：眼睛疾患、头痛、失眠等。

④ 攒竹穴

定位：两眉头内侧端，即眶上切迹处。

主治：头痛、视物不清、目赤肿痛、流泪。

⑤ 鱼腰穴

定位：眉毛正中，当眼平视时，穴位与瞳孔在同一直线上。

主治：眉棱骨痛、目赤肿痛、眼疾等。

⑥ 丝竹空

定位：眉梢外侧凹陷处。

主治：偏头痛、耳病、面瘫。

⑦ 瞳子髎穴

定位：眼外眦外侧，眶骨边缘。

主治：头痛、目赤肿痛、视物不清。

⑧ 承泣穴

定位：眼平视，瞳孔直下，下眶上缘处。

主治：眼部疾患。

⑨ 四白穴

定位：眼平视，瞳孔直下，眼眶下缘处。

主治：三叉神经痛、眼病、面瘫等。

⑩ 球后穴

定位：两眼平视，眼眶下缘外 1/4 与内 3/4 交界处。

主治：眼部疾患。

3. 耳周常用穴位

① 翳风穴

定位：耳垂后方凹陷处。

主治：耳聋、耳鸣、面瘫等。

② 听宫穴

定位：耳屏中点前缘与下颌关节间凹陷处。

主治：耳部疾病、面肿面赤。

③ 听会穴

定位：听宫穴下方，与耳屏切迹相平。

主治：耳聋、耳鸣、牙痛等。

④ 耳门穴

定位：听宫穴上方，耳屏上切迹的前方。

主治：耳聋、耳鸣、齿痛等。

4.面颊常用穴位

① 颊车穴
定位：下颌角上方一横指凹陷中，咀嚼时咬肌隆起最高处。
主治：面肿、牙痛。

② 颧髎穴
定位：眼外眦直下，颧骨下缘凹陷处。
主治：三叉神经痛、牙痛、面肌痉挛、面瘫等。

③ 人中穴
定位：鼻唇沟中，上 1/3 处。
主治：面肿、面瘫、昏迷。

④ 迎香穴
定位：鼻翼旁开0.5寸，鼻唇沟处。
主治：面痒、面瘫、鼻塞、流鼻血等。

⑤ 地仓穴
定位：口角外侧旁开 0.4 寸。
主治：眼睑眴动，面肿、面瘫。

⑥ 承浆穴
定位：下颌正中线，下唇缘下方凹陷处。
主治：面瘫、面肿、牙痛、口舌生疮。

第四节　十四经络的循行

十二经脉之循行是彼此衔接的，构成一个大循环。其流注次序起于中焦从手太阴肺经开始，终于足厥阴肝经，再由肝上注于肺，周而复始，循环无端，如图 4-8 所示。

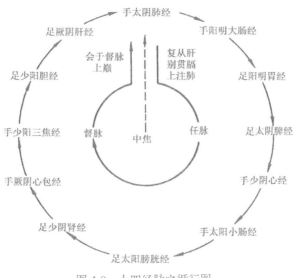

图 4-8　十四经脉之循行图

【手太阴肺经】（见图 4-9）

手太阴肺经循行路线

起于中焦→下络大肠→还循胃口→上膈属肺系→出腋中→至肘中→入寸口→出大指之端

功效

咳喘、咯血、咽喉痛等肺系疾患

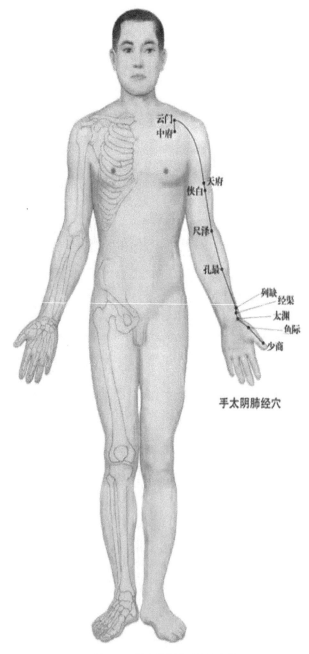

手太阴肺经穴

图 4-9　手太阴肺经循行路线

【手阳明大肠经】（见图 4-10）

手阳明大肠经循行路线

起大指次指之端→ 出合谷→ 行曲池→ 上肩→ 贯颊→ 夹鼻孔→ 下齿→ 入络肺→ 下隔属大肠

功效

头面五官疾患、热病、皮肤病、肠胃病等

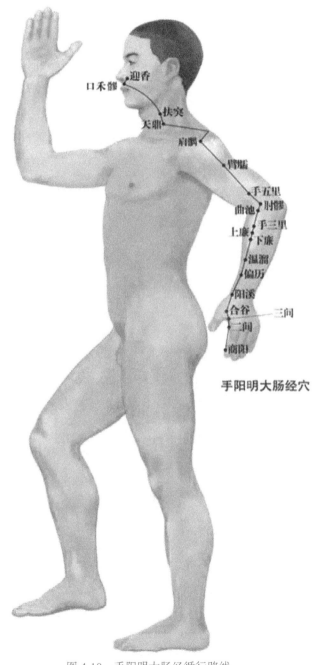

图 4-10　手阳明大肠经循行路线

【足阳明胃经】（见图 4-11）

足阳明胃经循行路线

起于眼下→ 绕面→ 入齿→ 环唇→循喉咙→下隔→属胃络脾→下挟脐→至膝下→入足中指

功效

胃肠病、皮肤病、热病等

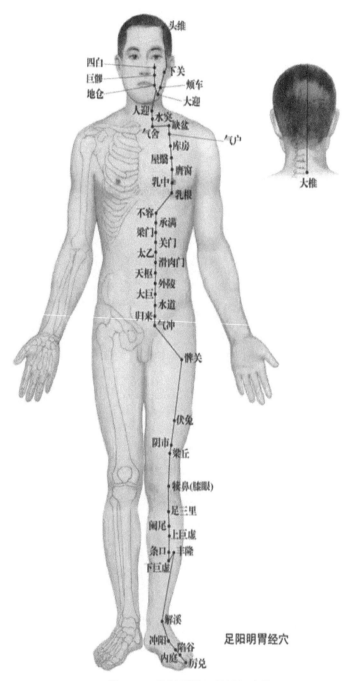

图 4-11　足阳明胃经的循行路线

【足太阴脾经】（见图 4-12）

足太阴脾经循行路线

起大指之端→ 上膝股 →入腹 →属脾络胃→上夹咽→ 连舌本→散舌下

功效

肠胃病、妇科病等

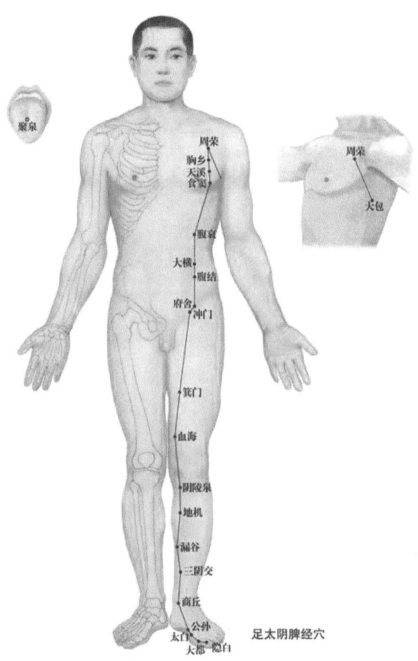

图 4-12　足太阴脾经的循行路线

【手少阴心经】（见图 4-13）

手少阴心经循行路线

起于心中→ 出心系下隔→络小肠→循上肺→ 出腋下→至肘→抵掌中→入小指之内→ 其支上挟咽 →系目

功效

心胸、神志等

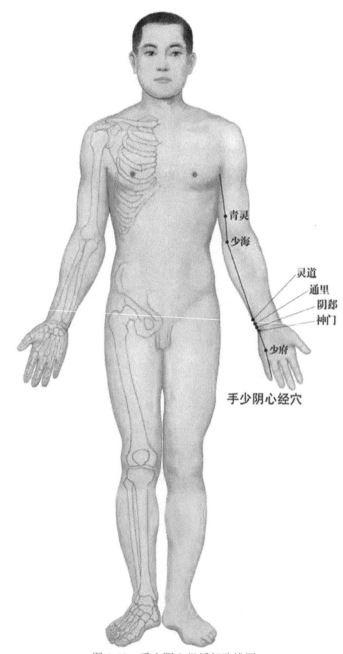

图 4-13　手少阴心经循行路线图

【手太阳小肠经】（见图 4-14）

手太阳小肠经循行路线

起于小指之端→循手外→上肘→绕肩→入络心→下膈抵胃→入小肠→其交贯颈上颊→入其中

功效

头面五官病、热病、神志病等

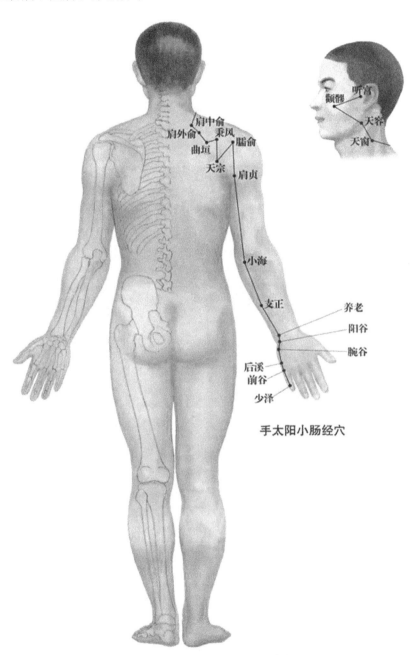

图 4-14　手太阳小肠经循行路线

【足太阳膀胱经】（见图 4-15）

足太阳膀胱经循行路线

起目内眦→上额交巅→下脑后→夹脊→抵腰入络肾→下属膀胱→另一支循髀外→下至踝→终足小指

功效

头面五官病、项、脊、腰、下肢及神志病，人体最大的排毒通道

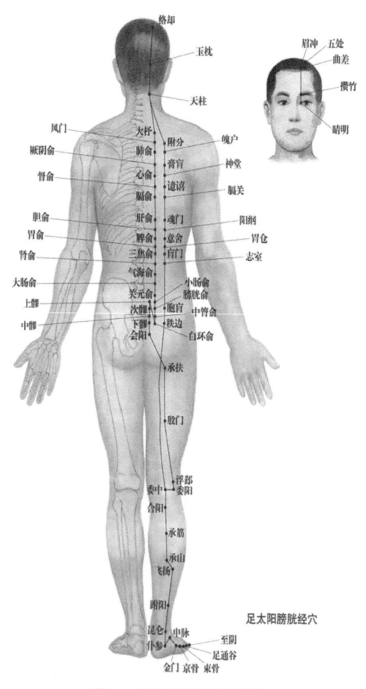

图 4-15　足太阳膀胱经循行路线

【足少阴肾经】（见图 4-16）

足少阴肾经循行路线

起足小指之下→足心→循内踝上股→贯脊属肾→入络膀胱→上膈入肺→循喉咙→夹舌本→其支从肺出络心→注胸中

功效

妇科病、肾脏病、前阴病以及肾有关的心、肝、脑病及咽喉、舌等

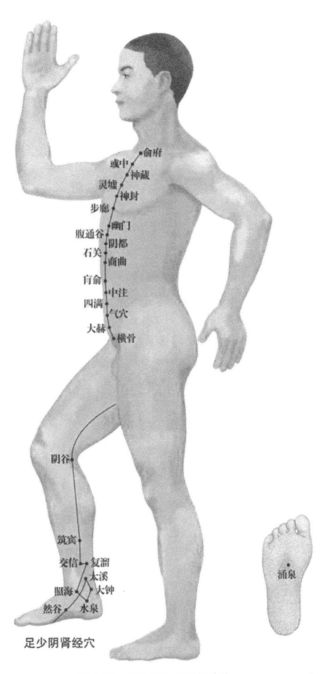

足少阴肾经穴

图 4-16　足少阴肾经循行路线

【手厥阴心包经】（见图 4-17）

手厥阴心包经循行路线

起于胸中 属心包络→下膈→络三焦→出腋→入肘→入掌中→ 循中指之端

功效

心、心包、胸、胃、神志病等

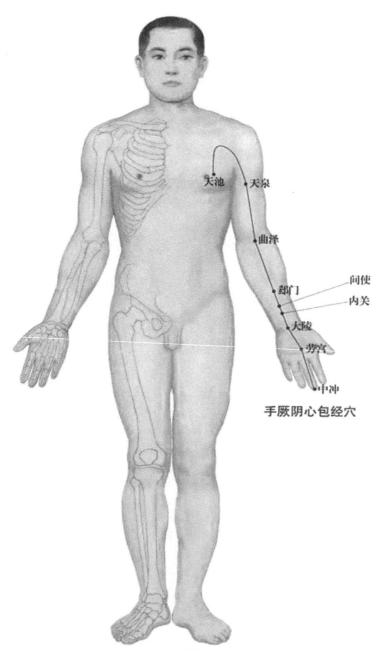

图 4-17 手厥阴心包经循行路线

【手少阳三焦经】（见图 4-18）

手少阳三焦经循行路线

起于无名指末端→循手表上→贯肘→ 入缺盆→ 布膻中络心包经 →下膈属三焦→其支出耳上角

功效

头、目、耳、颊、咽喉、胸胁病和热病

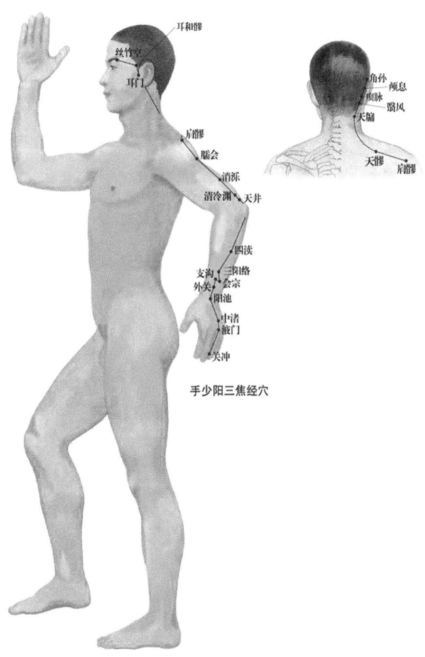

手少阳三焦经穴

图 4-18　手少阳三焦经循行路线

【足少阳胆经】（见图 4-19）

足少阳胆经循行路线

起于目外眦 →绕耳前后→至肩上→循胁里→络肝属胆→下至足 →入小趾指之间

功效

肝胆病。侧头、目、耳、咽喉、胸胁病等。

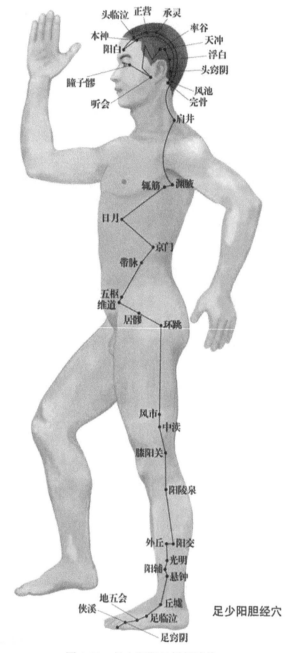

图 4-19　足少阳胆经循行路线

【足厥阴肝经】（见图 4-20）

足厥阴肝经循行路线

起于足大趾丛毛之际→上足跗→循股内→过阴器→抵小腹→循胁肋→夹贯（入体内）→属肝络胆→贯膈循喉咙→上过目系→与督脉会于巅顶

功效

肝、胆、脾、胃病、妇科、少腹、前阴病

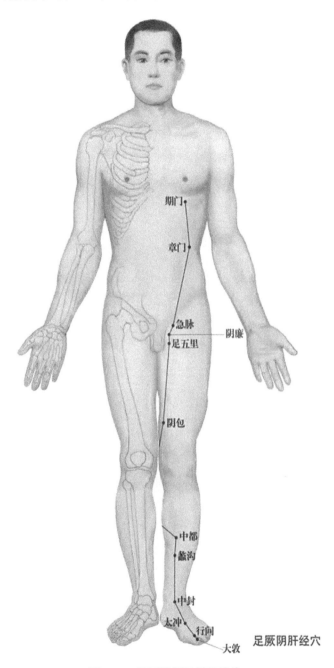

图 4-20　足厥阴肝经循行路线

【任脉】（见图 4-21）

任脉循行路线

起于少腹之内胞中→ 出会阴之分 →上毛际→ 循脐中央至膻中→上喉咙→绕唇→ 络唇下承浆穴→ 其支上循面入于目与督脉交

功效

小腹、脐腹、胃脘、胸颈、咽喉、头面等部位疾病

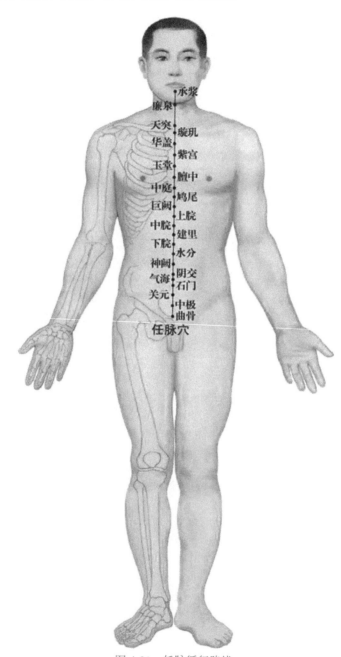

图 4-21　任脉循行路线

【督脉】（见图 4-22）

督脉循行路线

起于肾中→下至胞中→下行络阴器行二阴之间→至尻→贯脊上脑后→交颠顶→至百会→入鼻柱→终于人中与任脉交

功效

神志病、热病、腰骶、背、头、颈等部位疾病

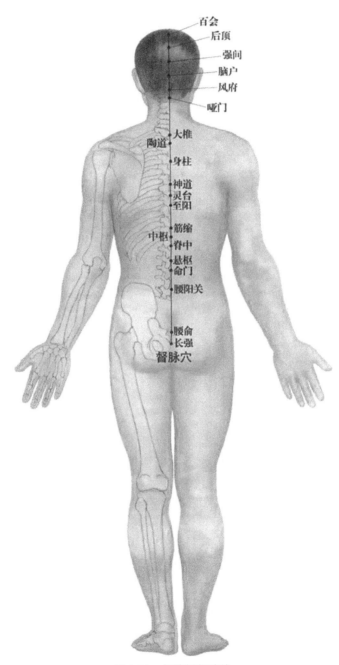

图 4-22　督脉循行路线

第三篇 化妆品及美容仪器

第一章 美容化妆品基础

本章学习目标

1. 了解化妆品的定义
2. 掌握美容院常用化妆品的分类、主要成分、特点、作用及使用注意事项
3. 了解面膜的分类并掌握各类面膜的作用及用法

第一节 化妆品的定义

美容化妆品学是根据美容学技术，结合化妆品基本理论而新兴的一门综合性学科。美容化妆品是以美容为目的，作用于皮肤、毛发表面的化工产品，包括各种用于化妆的膏、霜、粉、脂、液、水等化工产品。

一、化妆品的定义

化妆品是指以涂抹、喷、洒或者其他类似方法施于人体（皮肤、毛发、指或趾甲、口唇齿等）以达到清洁、保养、美化、修饰和改变外观或修正人体气味，保持良好状态为目的的产品。

二、化妆品的作用与分类

1. 化妆品的作用

化妆品对人体的作用必须缓和、安全、无毒、无副作用，并且主要以清洁、保护、美化为目的。化妆品的作用可概括为以下五方面：

（1）清洁作用：去除皮肤、毛发、口腔和牙齿上面的污垢及人体分泌与代谢过程中产生的不洁物质，如香皂、清洁霜、洗面奶、洗发露、沐浴液等。

（2）保护作用：保护皮肤及毛发等处，使其滋润、柔软、光滑、富有弹性，以抵御寒风、烈日、紫外线辐射等的损害，如雪花膏、冷霜、润肤霜、奶液、润发油、发乳、护发素等。

（3）营养作用：补充皮肤及毛发营养，保护皮肤角质层的含水量，减缓皮肤衰老，以及促进毛发的生理功能，防止脱发，如人参霜、维生素霜、珍珠霜等各种营养霜、营养面膜、发乳等。

（4）美化作用：美化皮肤及毛发，使之增加魅力或散发香气，如粉底霜、粉饼、香粉、胭脂、唇膏、发胶、眼影粉、眉笔、睫毛膏、香水等。

（5）特殊功能作用：预防或治疗皮肤及毛发、口腔和牙齿等部位影响外表功能的作用，以及具有护发、染发、烫发、脱毛、美乳、美体、除臭、祛斑、防晒等作用，如祛斑霜、粉刺霜、美乳霜、减肥霜、脱毛膏、防晒霜、抑汗剂、祛臭剂、生发水、染发剂、痱子水、药物牙膏等。

2. 化妆品的分类

由于化妆品的种类繁多，又不是单纯的化学制品，很难科学、规范地分类。世界各国分类方法各不相同，有按产品使用目的和使用部位分类的，也有按剂型分类的，还有按生产工艺及配方特点分类的，等等。若按化妆品的功能进行分类大致可分为七大类：清洁类、护肤类、粉饰类、护发类、芳香类、口腔类、特殊用途类。

（1）清洁类：用于清除皮肤、毛发上的污垢，包括香皂、清洁霜、洗面奶、磨砂膏、去死皮膏（液、啫喱）、泡沫浴液、洗发露、牙膏等。

（2）护肤类：用于保护、滋养皮肤，包括冷霜、润肤霜、乳液、柔肤水、面膜。

（3）粉饰类：用于修饰、美化，包括粉底、胭脂、眼影粉、唇彩、睫毛膏、指甲油。

（4）护发类：用于养护头发，包括护发素、摩丝。

（5）芳香类：用于身体和毛发散发香味，包括香水、香精、花露水、古龙水。

（6）口腔类：用于清洁口腔，包括牙膏、牙粉、漱口液。

（7）特殊用途类：用于治疗、防晒、健美，包括防晒霜、祛斑霜、丰乳霜、减肥霜、染发剂。

3. 化妆品的特性

化妆品是一类高附加值的知识密集型高技术精细化工产品，化妆品应具备安全性、稳定性、功效性、使用性的特性。

（1）安全性：是指化妆品无毒、无致畸、无致癌、无刺激、无致敏、无致突变，即化妆品在正常、合理和可预见的使用条件下，均不得对人体健康产生危害。包括化妆品原料、香料、色素的安全性。

（2）稳定性：是指化妆品在一段时间（保质期）内，在其储存、使用过程中，不发生变色、褪色、变味、污染、出现结晶等化学变化及分离、沉淀、凝聚、挥发、固化、软化、解裂等物理变化。化妆品如果出现这些变化，不仅会影响产品的外观，而且还可能影响产品的功能。

（3）功效性：是指化妆品产品功能作用及使用效果。功效性化妆品不仅要求美容，而且还同时注重疗效，要求化妆品在确保安全性的前提下，能促进皮肤细胞的新陈代谢，在保持皮肤生机、延缓衰老等方面取得效果。

（4）使用性：是指化妆品在使用过程中的感觉与感受，如"滋润、润滑、清爽、黏性、发泡性"等。由于年龄、皮肤、季节、目的不同，对化妆品的要求及使用感觉也不同。

第二节　美容院常用化妆品的分类及特性

护肤是美容化妆的基础。护：即护理；肤：即皮肤。俗称皮肤护理或者护理皮肤都可以。皮肤护理在美容化妆中起着极为重要的作用，也是美容院最重要的服务项目之一。护理当中所需用的美容产品有几十甚至上百种。

一、清洁类产品

1.卸妆类

卸妆是护肤的基础，不管化不化彩妆都要用卸妆类产品。因为它不但可以溶解彩妆及脏污，还可以降低皮脂与污垢的附着力，吸附毛孔里的油脂及软化表皮层的多余角质。

（1）卸妆油：是一种加了乳化剂的油脂，可以轻易与脸上的彩妆油污融合，再通过水乳化的方式，在冲洗时将脸上的污垢带走。卸妆油适合卸除浓妆，一般油性皮肤不宜使用。

（2）卸妆水：不含油，根据不同的配方分为弱清洁和强力清洁两大类。前者用来卸淡妆及不化妆的人群，后者适合卸浓妆，但容易使肌肤干燥，问题肌肤不宜长期使用。

（3）卸妆乳：是容易涂抹的卸妆品。使用后很容易用纸巾或水清理干净，适合中度化妆或者特殊情况的临时使用。

2.洁面类

清洁皮肤表面的污垢、皮肤分泌物，保持汗腺、皮脂腺畅通，防止细菌感染。可使皮肤得到放松休息，以便充分发挥皮肤的生理功能，并呈现青春活力。最重要的是为皮肤后期的护理工作做准备。

（1）洁面乳：乳状，相对比较温和，清洁力度适中，适合干性、敏感性肌肤。

（2）洁面啫喱：啫喱状，微泡，较适合混合性皮肤。使用时不容易清洗干净，不建议初期使用护肤品的人群使用。

（3）洁面膏：泡沫丰富，清洁力度强。除了干性、敏感性肌肤外均可使用。

（4）洁面皂：大部分呈弱碱性。清洁比较彻底，特别针对油性、粉刺、暗疮类皮肤。

（5）洁面泡沫：又称洁面摩丝，使用起来比较方便。泡沫比手打出来的要绵柔许多，任何皮肤都可以使用。

3. 爽肤类

爽肤水有平衡皮肤 pH 值，补充肌肤所需要的水分，再次清洁及帮助营养品吸收的功能。不同爽肤水针对不同的皮肤类型。

（1）爽肤水：针对不同皮肤产品的名称也不一样。例如，健康皮肤适合爽肤水，干性皮肤适合柔肤水，油性皮肤适合紧肤水，混合皮肤适合调理水，敏感皮肤适合修复水等。

（2）凝露：从字意上讲是凝结的露珠。凝露＝精华＋水。护肤品中凝露属于啫喱当中的一类，但现在越来越多的凝露产品被归结为化妆水一类，因为凝露的质地较一般化妆水更为厚重，但又比精华轻薄，液体状的啫喱质地，清爽易吸收，不易对肌肤造成负担。不同的皮肤使用不同名称的凝露，例如，干性皮肤使用保湿凝露，衰老性皮肤使用紧致滋养凝露等。

（3）纯露：可作爽肤水使用，针对不同皮肤类型所用的名称不一样，添加成分也不一样。纯露是精油在蒸馏萃取过程中留下来的水，故名称跟花的名字及花的特性功效有关系。例如，玫瑰水或者玫瑰纯露，有美白、保湿、淡化色素的功效；薰衣草纯露，有保湿、防敏、增加肌肤抵抗力的功效等。

4. 去角质类

角质层是由 4 层死亡无核的细胞组合而成的，即为角质细胞，它对人体有巨大的作用：对电的预防、对光的吸收、对机械损伤的保护、对化学物质腐蚀的防护、对生物性侵蚀的防护、对身体营养流失的防护，但角质过量也会影响皮肤的吸收和新陈代谢，使皮肤晦暗无光泽。

角质层新陈代谢共计 28 天，从基底层到颗粒层需 14 天，角质层需 14 天，共 28 天。随着年龄的增长，不同年龄的皮肤新城代谢也就不同，计算方法：实际年龄－18＋28 天。

（1）角质霜：一般是把霜均匀涂于需要护理的皮肤部位，半干时顺着皮肤的纹理搓掉或用清水直接清洗。

（2）角质露：用起来很不方便，不容易清洗，直接把产品涂于需要护理的部位，以打圈的方式进行护理操作，再用清水清洗干净即可。

（3）磨砂膏：目前很多女性不采用，较适合油性、粉刺类肌肤。使用方法类似洁面乳的操作方法。

（4）角质面膜：分为两种，即啫喱状及膏状。前者清洁力度较大，均匀涂于需要护理的部位，待干后直接揭掉。后者直接涂于需要护理部位，待五分钟后直接清洗干净即可。

5. 按摩类

皮肤按摩是整个护理过程中至关重要的一个环节，它可以增加血液循环，帮助皮肤排泄废物，并增加氧气的输送功能，减少油脂的积累，促进细胞新陈代谢正常进行，改善皮肤问题，使得皮肤紧实而富有弹性。

（1）按摩膏：除了特别严重的暗疮问题皮肤外，任何皮肤类型都适合，膏体细腻柔滑，比较容易操作，是大多数美容院喜欢用的产品。

（2）按摩啫喱：针对油性、粉刺、暗疮皮肤局部按摩使用，也可以作为一些仪器操作的介质，清爽无油。

（3）按摩油：种类繁多，一般是调配好的复方精油，也可以使用基础油，滋润效果比前两者都要好。采用不同的配方可达到不同的效果。适合任何皮肤使用。

二、滋养类产品

1. 精华

精华是护理产品当中的极品，成分精致，功效强大。可以直接作用于皮肤的基底层供养皮肤所需的各种营养及改善皮肤的问题。分为矿物精华、植物精华、动物提取精华、海洋生物提取精华等，针对不同肌肤类型设计有不同的精华产品。

2. 原液

原液是浓缩的精华液。直接从天然植物中提取而来，成分单一，浓缩纯度比较高，是所有精华的母体。当然还有从其他动物或者微生物发酵液中提取的，如玻尿酸原液、活细胞原液，等等。原液最大的特点是能够针对各种肌肤需要，给肌肤更直接、快捷、安全、强效的保养，让肌肤在短时间内恢复最佳状态。

3. 精油

精油是从植物的花、叶、茎、根或果实中，通过水蒸气蒸馏法、挤压法、冷浸法或溶剂提取法提炼萃取的挥发性芳香物质。精油分稀释精油（复方精油）和未经稀释精油（单方精油）。保养最常用的是复方精油，可直接作用于皮肤。

三、润肤类产品

1. 乳液

乳液是一种液态霜类护肤品，看起来纯白如牛奶，故称乳液。乳液能够迅速渗透进肌肤。肌肤的表面是角质层细胞，在角质层细胞的周围包裹着一些细胞间脂质，这些细胞间脂质就决定着我们肌肤的湿润度，而乳液的水油配比是最接近这些细胞间脂质的。干性皮肤或缺水性的油性皮肤都适合用。不同皮肤类型适合不同的乳液，如美白乳液，抗衰乳液等。

2. 霜

霜指用于面部和身体的起到护肤作用的霜状化妆品，它可在皮肤上形成一层薄膜，防止皮肤水分流失。产品里添加成分不同，效果也不同，适合皮肤类型也不同。分日霜、晚霜、眼霜、颈霜、体霜等。

四、隔离遮瑕类产品

（1）BB霜：起源于德国，成长于韩国。最初是德国人为接受镭射治疗的病人设计的，用来修复受损肌肤使之达到再生的效果。后来被韩国化妆品界引进、改良并发扬光大，演变成现在的遮瑕、隔离等底妆产品。

主要作用：遮瑕，调整肤色，使皮肤看起来柔润光泽。

（2）遮瑕膏（霜、笔）：主要遮盖皮肤问题，如斑、痘、黑眼圈等。

（3）隔离霜：主要起到防护的作用，如彩妆、空气的污染物、电脑的辐射等。不同颜色的隔离霜针对的肤质不一样。

紫色

色彩学中对比色是黄色，可以综合黄色使皮肤呈现白里透红的色彩。适合普通及偏黄的肌肤使用。

绿色

对比色是红色。可以综合面部潮红、红血丝以及痘痕的皮肤。适合偏红及敏感和痘印的皮肤。

肤色

不具备调色功能，但有滋润效果。适合任何肤色正常的人群使用。

白色

专为皮肤黝黑、晦暗、色素分布不均而设计，可以增加皮肤的明亮度，令肤色看起来干净而有光泽。适合晦暗、肤色不匀的皮肤。

五、防晒类产品

一般分为物理防晒和化学性防晒两类，物理防晒是通过产品成分阻隔紫外线；化学性防晒是通过产品成分吸收紫外线。每款产品的种类不同防晒效果及防晒时间也不同。常用的有防晒霜、防晒乳、防晒喷雾、防晒油等。

（1）防晒霜（乳）：一般添加滋润及修饰肌肤问题的成分，干性及晦暗皮肤比较适合。除了防晒还可以提亮肤色，增加皮肤的光泽度。

（2）防晒喷雾：使用及携带都比较方便，特别是画了彩妆的人群，可随时喷洒。

（3）防晒油：全身使用比较方便，适合游泳、阳光浴的人群。

六、彩妆类产品

彩妆作为一门"美"的艺术，利用化妆材料对面部进行修饰，达到"扬长补短"的美化效果。化妆时常用到的产品：

（1）眉毛：眉笔、眉粉、眉膏。

（2）眼部：眼影、眼线笔、眼线液、睫毛膏。

（3）唇部：润唇膏、唇彩、口红、唇蜜、唇线笔。

（4）面部：粉底液、粉饼、散粉。

第三节　面膜的分类及作用

面膜是皮肤护理中的重要内容，针对各类皮肤特点定期敷面膜，可使油性皮肤脱脂、粗大毛孔得到收敛，干枯皱褶皮肤恢复光泽，暗疮皮肤炎症得到抑制，使用面膜后皮肤显得清爽、光滑和洁白细嫩，这是因为面膜敷于皮肤上时，面膜与皮肤产生亲和力，随着面膜的逐渐干燥，皮肤温度升高，血液循环加快，皮肤绷紧而张力加强，皮肤分泌的皮脂和水分反渗透于角质层，使表皮柔软舒展，毛孔本能张开，面膜中的有效成分渗入皮肤被其吸收，同时面膜与皮肤紧紧相连，当清除面膜时，皮肤上的老化角质，毛孔内深层污垢亦被同时带下，使皮肤清新干净。

一、面膜的定义

面膜是一种含有营养剂，涂敷于面部皮肤上，可形成薄膜物质的特殊性化妆品，可以起到保养皮肤、清洁皮肤、改善皮肤功能、延缓皮肤衰老的作用，并可纠正和改善问题性皮肤。

面膜的性能要求主要有：敷后应与皮肤密合，有足够的吸收能力以达到清洁效果（特指清洁类面膜），敷用和去除方便，干燥和固化时间不要过长，对正常皮肤没有刺激。

二、面膜的使用原理

面膜的使用原理是利用覆盖在面部的短暂时间，暂时隔离外界的空气与污染，提高肌肤温度，使皮肤的毛孔扩张，促进汗腺的分泌与新陈代谢，使肌肤的含氧量上升，有利于肌肤排除表皮细胞新陈代谢的产物和累积的油脂类物质，面膜中的水分渗入表皮的角质层，使皮肤变得柔软，肌肤自然光亮有弹性。

三、面膜的主要作用

（1）面膜中的有效成分可充分渗透皮肤。

（2）将皮肤分泌物阻隔于膜体内，使皮肤滋润。

（3）在面膜干燥过程中，皮肤收紧，血液循环加快，可增强皮肤弹性。

（4）当面膜剥脱时，将皮肤上的老化细胞和毛孔中的污物一同带出，使皮肤干净清爽。

四、面膜的分类

1. 根据形态分类

常用面膜种类繁多，根据形态的不同可分为以下类型：倒膜（硬膜）、软膜粉、霜状面膜、矿物泥面膜、果蔬面膜及片状面膜。

倒膜：通常分为热倒膜和冷倒膜两种。硬倒膜在面部成型后形成的是一膏状硬壳整体。

（1）热倒膜：简称热膜，特点是倒膜形成硬壳后，从里向外发热。这种面膜通过扩张面部毛孔促进血液循环，达到活血祛瘀，调理气血的作用。适合需要调理肤色，皮肤黯哑无光泽的人群使用，建议一个月用一次。

（2）冷倒膜：简称冷膜。冷膜中由于添加了少量清凉剂等物质，使人感到皮肤有凉爽的感觉，同时对毛孔粗大的皮肤有明显的收敛效果，并可改善油性皮肤皮脂分泌过盛的状态。冷膜一般不会使毛孔扩张，适用于痤疮皮肤、油性皮肤、敏感皮肤及毛细血管扩张皮肤。

（3）软膜粉：是一种粉沫状面膜，用水调和后呈糊状。软膜涂敷在皮肤上形成质地细软的薄膜，性质温和，对皮肤没有压迫感，可为表皮补充足够的水分，使皮肤明显舒展，细小皱纹消失。软膜粉在美容院使用比较多，个别产品添加不同功效原料可获得不同的护肤功效，常见的有美白、祛斑、保湿、祛痘、抗皱等功效作用。软膜粉使用过程中，相对于其他膜粉来说使用很简单，操作很方便：用水调制膜粉成膏体，然后敷在皮肤上，过15分钟左右，膜体可以成型，然后轻松揭起。

（4）霜状面膜：美容院常用的面膜，也是最受欢迎的面膜之一，虽然用起来没有片状面膜那么简单，但是因其出色的滋润及补水功效而备受推崇。此类面膜通常可分为乳霜状和啫喱状两种质地，前者注重营养补充，后者突出清爽保湿，几乎能够满足所有肤质在不同时刻的需要。霜状面膜最大的特点就是，使用范围和量都十分灵活，哪里需要敷哪里，一张脸可以根据不同的问题敷几种面膜。敷着霜状面膜的时候可以随时活动。有些霜状面膜可以过夜，如睡眠面膜。

（5）矿物泥面膜：属于清洁面膜。可用于身体、面部的不同部位，一般是用厚重的矿物泥覆盖住皮肤毛孔，使皮肤的自然呼吸功能受阻，内部温度不断升高，毛孔不断扩张，皮肤深层的油脂、污垢就会慢慢排出到皮肤表层。使用矿物泥面膜时建议在脸上涂得越厚效果越好，做完矿物泥面膜后，一定要做保湿和收缩毛孔的步骤，否则毛孔会变得更加粗大。矿物泥面膜使用不宜过于频繁，一般最多一周或半个月一次。

（6）果蔬面膜：除在美容院做面膜外，还可以在家中使用天然材料自己动手制作面膜。常用的材料有新鲜水果、蔬菜、鸡蛋、奶类、蜂蜜、中草药和维生素液等。用这些天然食物来做面膜敷面，副作用少，不受环境和经济条件的限制，是物美价廉的美容佳品。但是自己调制的面膜不易存放，一次用完为好，以防变质。

西瓜泥面膜 含有丰富的维生素，对日光晒黑的皮肤，油脂过多、毛孔较大的皮肤有明显的改善作用。适用于油性皮肤和需要漂白的皮肤。

芹菜汁面膜 含有丰富的维生素，可补充皮肤水分，对雀斑皮肤有脱色效果。

蜂蜜蛋黄面膜 蛋黄和橄榄油混合，并加入一匙蜂蜜调匀后敷面，有润肤除皱的功效。

（7）片状面膜：也称面贴膜，用纸类、无纺布、生物纤维、蚕丝等为素材，吸附各种机能的精华液，按照面部轮廓形状设计，使用时直接贴于面部停留 15~20 分钟即可揭下。面贴膜可创造比膏状面膜绝佳的封闭效果，使肌肤的温度快速提高，毛孔打开，让肌肤畅饮美肌养分，从而达到改善皮肤问题的功效。可以和霜状面膜搭配使用。

2. 按功能分类

（1）清洁面膜：是最常见的一种面膜，可以清除毛孔内的脏东西和多余的油脂，祛除老化角质，使肌肤清爽、干净。

（2）保湿面膜：含保湿剂，将水分锁在面膜内，软化角质层，并帮助肌肤吸收营养，适合各类肌肤。

（3）舒缓面膜：迅速舒缓肌肤，消除疲劳，恢复肌肤的光泽和弹性，适用于敏感性肌肤。

（4）紧肤面膜：收缩毛孔，浅化皱纹，特别适用于没有时间去美容院做护理的女性。

（5）再生面膜：内含植物精华，软化角质，促进肌肤新陈代谢，适用于干性或缺水性肌肤。

（6）美白面膜：彻底清除死皮细胞，兼具清洁、美白双重功效，使肌肤重现幼嫩光滑，白皙透明。

（7）瞬间美白补水面膜：5 分钟保养面膜，瞬间达到美白补水的功效。

五、面膜使用的注意事项

（1）使用面膜前，最好先做过敏试验，将少许面膜敷料抹在手背上，30 分钟后洗去，若涂抹处无红痒反应，即可抹在脸上。

（2）涂面膜前，应先卸妆、洗脸，必要时可先去角质，以利于面膜的吸收，同时避免污垢、灰尘进入毛孔。

（3）全脸涂敷面膜时，宜先在眉毛、发际、眼、唇等边缘处抹上一些油脂，以免面膜黏附在这些部位，不好清理。

（4）涂面膜的顺序，颈部、下颌、两颊、鼻、唇、额头，由下往上；眼睛周围、眉毛、上下唇部位则不宜涂面膜。

（5）软膜涂敷约 20 分钟后，可用手指轻触，若不觉黏手，即可从薄膜边缘开始，自下而上缓慢揭去。

（6）除去面膜后，用干净温水将脸上残留物洗净，再以爽肤水爽肤，促使毛孔收缩，最后涂上润肤化妆品。

（7）面膜干燥后会促使皮肤紧缩，出现皱纹，面膜干燥时要立刻去掉，切勿长时间使面膜停留在皮肤上。

（8）自制天然面膜易丧失水分后变硬，易受污染、滋生细菌，一次不宜制作太多，现做现用。

第二章　美容仪器

本章学习目标

1. 了解美容仪器的分类
2. 了解各类美容仪器的作用及原理
3. 掌握其操作方法及使用注意事项

第一节　美容仪器的分类

一、美容仪器的定义

利用光、热、声、电、磁等不同能量形式，采用非侵入式及非破坏式方法，用来预防、维持、改善顾客的局部皮肤、肌肉、皮下脂肪、淋巴流动、微循环状况及某些生理回馈系统的健康状况或外表美观的仪器。

二、美容仪器的分类

（一）检测类仪器

1. 美容放大镜

（1）美容放大镜的原理。

美容放大镜是利用凸透镜放大视物的原理来达到美容检测的目的的。其作用如下：

① 便于仔细检查顾客的皮肤情况。
② 增加皮肤治疗的专业性。
③ 利用放大镜聚光原理，便于查找皮肤的微小瑕疵。
④ 帮助清除面部的黑头、白头粉刺。
⑤ 帮助鉴别皮肤类型。

（2）美容放大镜的使用方法。

使用美容放大镜之前美容师应清洁双手，取两块长 8cm、宽 4cm、厚 3cm 左右的棉片盖住顾客眼部，根据面部不同区域，将放大镜接近皮肤，逐步观察皮肤的纹理、毛孔等情况。

（3）美容放大镜使用注意事项。

① 使用美容放大镜之前应用酒精对其进行消毒。

② 使用美容放大镜之前必须用棉片盖住顾客眼睛，以免放大镜折射出的光刺伤眼睛。

③ 移动检验时，要按照步骤顺序进行，以免遗漏，影响诊断及治疗。

④ 轻拿轻放，以免摔碎镜片。

⑤ 每次用完后应用酒精或清洁剂擦净镜面及四周，不能在美容放大镜上留下手指印或脏物。

2. 美容透视灯

美容透视灯又称滤过紫外线灯，是由美国物理学家罗伯特·威廉姆斯·伍德（Robert Welliams Wood）发明的，所以又称吴氏灯或伍德灯。

（1）美容透视灯的作用原理。

滤过紫外线灯是由普通紫外线通过含镍的玻璃滤光器制成的，不同的物质在美容透视灯的深紫色光线照射下会发出不同颜色的光。紫外线可帮助美容师详细查看顾客皮肤的表面及皮肤深层，便于制定和采取适宜的护理方案及措施。

（2）美容透视灯的使用方法。

清洁皮肤后用棉片盖住顾客眼睛，并打开美容透视灯开关，将灯面向顾客，距离约 15～20cm。用美容透视灯分析判断皮肤，不同情况的皮肤在美容透视灯下会表现出不同的颜色：

正常皮肤——蓝白色荧光

厚角质层——白色荧光

水份不足的较薄皮肤——紫色荧光

油性皮肤及面疱——黄色或粉红色光

水份充足的皮肤——很亮的荧光

（3）美容透视灯使用注意事项。

① 灯必须在完全黑暗的暗室中操作。

② 不能使用时间太长，以免过热。

③ 与皮肤距离不可小于 10cm，避免接触皮肤。

④ 美容师及顾客不可直视透视灯的光源，以免损害眼睛。

⑤ 检查前应清洗干净皮肤。

3. 皮肤检测仪

通过拍摄面部肌肤图片，瞬间分析出油分、水分、色素、毛孔、弹性及皮肤胶原蛋白纤维的准确数据，如"皮肤油分含量 19%"，并得出结论"皮肤比较油"，且自动弹出对话框，推荐出相关的平衡油脂的产品，所有项目分析完之后，会生成皮肤检测报告，并可打印报告。

它的五大分析模块可以准确分析出肌肤油分、水分、色斑、毛孔、肌肤年龄（也称肌肤弹性）的变化状况。所有肌肤影像都可以用真实3D还原技术重视肌肤立体三维影像，将肌肤的平滑度看得非常清楚，并可以任意角度分析观察，图文并茂的综合报告将所有检测结果以肌肤图片形式呈现，让顾客非常清楚地了解检测分析结果和肌肤真实现况，系统还可以根据检测出来的结果自动匹配相应的产品，将产品的分类、功效、疗程、价格、名称等显示得非常清楚，同时还可以在后台设置新产品的推广。

（二）清洁类仪器

1.喷雾机

喷雾机一般可分为普通喷雾机、冷喷机。

（1）普通喷雾机的作用原理。

普通喷雾机利用电热器发热，使蒸馏水沸腾变成雾气。它轻柔按摩神经末梢，使护理者情绪稳定，毛孔张开，便于深入清洁。蒸汽可渗透到毛孔中，软化毛孔所堆积的油垢，便于清除黑头及化妆品残留物，可增加皮肤的通透性，促进血液循环，改善细胞的新陈代谢，软化皮肤。

冷喷机是将蒸馏水通过物理水质软化过滤器，分离出水中的钙、镁等离子，使被过滤的水质变得清纯而无杂质。再经过特殊设计的超声波振荡，产生出带有大量负氧离子的微细物粒，使顾客如置身于自然森林之境。20℃的亲肤温度使大量的低温负离子吸附并渗透于皮下，给予皮肤最佳的保湿滋润与休息，充分软化皮肤角质层，打开肌肤的自然屏障，加速皮肤对营养成分和护肤精华的吸收。

（2）喷雾机的美容功效。

喷雾机喷出的喷雾均匀柔和地喷射于皮肤上，喷射面约为40cm²，射程约为60cm。其主要功效如下：

① 促进血液循环，暂时地补充皮肤表层水分。
② 清除皮肤老化角质细胞及污垢。
③ 增加皮肤的通透性，利于皮肤吸收。
④ 促进新陈代谢，利于皮肤排泄。
⑤ 消炎杀菌，增强皮肤免疫功能。

（3）喷雾机使用注意事项。

① 应因人而异调好喷口与面部的角度，避免喷出的蒸汽直射鼻孔，令人呼吸不畅而产生闷的感觉。
② 依皮肤性质不同掌握好喷雾时间，最长不能超过15min，以免皮肤出现脱水现象。冷喷可以在20min左右，冬季时间可稍长一些，夏天时间则应短一些。
③ 皮肤有色斑、敏感及毛细血管扩张问题时，不宜使用热喷雾机以免引起过敏或使问题加重。

④ 在喷雾过程中，应随时注意观察喷雾状况，容器内的水量一定不能超过水位警戒线，以免产生喷水现象造成烫伤等事故。

⑤ 为了能够让顾客舒适地享受服务，应叮嘱顾客全身放松，微闭双眼，以免因蒸汽进入眼结膜而引起水肿，从而导致出现短暂的视力模糊现象。

2. 真空吸啜仪

真空吸啜仪由真空棒和电磁阀构成，当机器工作时产生一串脉冲，其周期由电位器调节，脉冲经二级放大后，由集电极接电磁阀输出，正脉冲时电极有输出，使电磁阀移动，气流通过。负脉冲时电极无输出，电磁阀复位，气流截止，由此而产生真空吸喷功能。

（1）真空吸啜仪的作用。

① 通过吸管的吸啜作用，能够清除毛孔中的污垢和堵塞毛孔的皮脂。
② 提供某种特殊的按摩方式，如淋巴的渗透性按摩。
③ 促进血液循环，有利于表层细胞吸收营养。
④ 增加皮肤弹性，减少皱纹。

（2）真空吸啜仪使用的注意事项。

① 操作时吸管的吸啜能力应控制适中，过强会损伤皮肤，出现皮下淤血。
② 对油性、较厚的皮肤应加强吸啜的频率，对于薄嫩的皮肤只能做轻度吸啜。
③ 吸管要保持清洁，使用前后一定要用酒精消毒。
④ 眼部皮肤及面部炎症部位，不可使用。
⑤ 不能频繁使用真空吸啜仪，以免皮肤毛孔扩大。

3. 电动磨刷器

电动磨刷器由电源开关、转速调节钮、转动方向调节钮、插头等组成，并配有各种型号的毛刷。

（1）电动磨刷器的作用。

① 深入清洁皮肤表面，除去皮肤表面不易洗去的污垢、皮脂、汗液和化妆品。
② 电磨刷的转动可促进皮肤血液循环，起到按摩效果。
③ 除去皮肤表面的老化角质，使皮肤光滑、柔软。

（2）电动磨刷器使用的注意事项。

① 对患有皮肤病、受伤、皮肤发炎的顾客，以及眼周皮肤禁止使用，以免引起感染、损伤。
② 毛刷在使用前和使用后要仔细清洗，不用时应保持干燥、清洁。

（三）治疗类仪器

1. 超声波美容仪

超声波美容仪是一种利用超出人类正常听觉范围的声波作用于人体肌肤的美容仪器。

超声波是指频率超过 20 000Hz 的机械振动波，该振动波具有机械作用、温热作用和化学作用。超声波美容仪利用超声波穿透力强、能深入皮下 4～6cm 的特点在人身体、面部进行理疗来达到减肥塑身，以及美白改善肤质的目的。超声波以其治疗范围广、疗效好、见效快而受到美容界的关注。

（1）超声波美容仪的美容功效。

超声波美容仪利用超声波的物理性能，可以促使药物或护肤品的有效物质分子通过皮肤传递到皮下组织，从而达到双重治疗效果。

① 软化血栓，改善毛细血管扩张现象。

② 改善痤疮及愈后疤痕。

③ 消除皮肤色素异常，如外伤后的皮肤色素沉着、化学剥脱、激光治疗后的色素沉着。

④ 分化色素、淡化皮下斑、如黄褐斑、晒斑。

⑤ 防皱、除皱、祛瘀、活血。

⑥ 改善皮肤硬化症。

⑦ 改善眼袋和黑眼圈。

⑧ 改善皮肤质地，帮助药物或护肤品的吸收。

（2）超声波美容仪使用注意事项。

① 做超声波护理前必须清洁面部，涂上足够的膏霜或药物，以防皮肤受损，禁止声头直接作用于皮肤。

② 由于超声波的传播方式是直线传播，因此，操作时应注意使声头平面紧贴皮肤，并不断地轻柔移动声头。

③ 操作时严禁将正在使用的声头直接对着顾客的眼睛，以免伤害眼球。

④ 整个超声波护理最长时间不得超过15min，并根据皮肤厚薄，调整声波输出强度。

⑤ 超声波仪器连续使用时间不要过长，每一疗程结束时，应按下暂停键休息片刻。

⑥ 声头使用后，必须清洁消毒，以免交叉感染、产生细菌和污渍。

2. 高频电疗美容仪

高频电疗仪又称高周波电疗仪，主要由电源开关、振动频率调节钮、电极插座等组成。高频电疗仪的工作原理主要是通过高频振荡电路板及电容电阻、半导体器件，插入电极绝缘把手及玻璃电极（把手内置有升压变电器，把手的一侧有电流输出通过的软线），启动电源，使绝缘把手的软线与仪器接通，产生断续的高压高频电流，使玻璃电极产生放电现象和紫光，使人体局部的末梢血管交替出现收缩与扩张，使空气中的氧气电离产生臭氧，从而起到改善血液循环和杀菌消炎的作用。

（1）高频电疗美容仪的作用。

高频电疗美容仪的作用分为直接电疗法和间接电疗法。

① 直接电疗法的电流作用于皮肤表层，具有杀菌消毒，治疗暗疮，促进痤疮痊愈，减少和调节皮脂分泌，促进新陈代谢的作用，同时由于电流的传导，使电极产生振动、热力，对皮肤有轻微的镇静、按摩作用。

② 间接电疗法的电流作用于皮肤表层以下，能够促进血液循环，改善皮肤吸收能力。加强腺体活动，使按摩达到更好的效果，提高皮肤吸收营养物质和抵抗细菌的能力，帮助皮肤吸收和排泄，经常使用可增强皮肤弹性。

（2）高频电疗美容仪使用的注意事项。

① 在进行直接电疗法时，面部皮肤应保持干燥、清洁、光滑，以保证玻璃电极能在皮肤上顺利、平稳地移动。

② 打开电源前，应向顾客说明情况，以免电极发出的声音及紫光让顾客受到惊吓。

③ 将玻璃电极紧贴于皮肤后，方可打开电源，时间的长短、电流强度的大小应根据皮肤的感应性和耐力而定。

④ 仪器的所有附件都应保持清洁，使用前和使用后必须消毒。

⑤ 敏感皮肤、严重皮肤病者及孕妇禁用。

3. 光子嫩肤仪

光子嫩肤仪是一种先进的高科技美容项目，采用七彩的全光谱强光，直接照射于皮肤表面，它可以穿透至皮肤深层，选择性作用于皮下色素或血管，分解色斑，闭合异常的红血丝，解除肌肤上的各种瑕疵，同时光子还能刺激皮下胶原蛋白增生，使原有的胶原组织重组，从而令毛孔收缩，皱纹减少，使肌肤恢复弹性，健康而有光泽。

（1）光子嫩肤仪的作用。

① 祛除面部红血丝，清除或淡化各种色斑、雀斑。

② 收缩毛孔，治疗毛孔粗大。

③ 抚平细小皱纹，去除黑眼圈，治疗酒糟鼻、痤疮。

④ 增强肌肤弹性，使肌肤重现健康光彩，整体改善肤质。

（2）光子嫩肤仪使用的注意事项。

① 仪器内部有危险的高压，请保持所有的面板和盖板闭合。

② 不使用时，治疗头应放在挂钩上。

③ 治疗头治疗时会发出高强度脉冲光，此时应确保治疗头仅指向治疗部位。

④ 应确保操作人员和治疗者意外地暴露在强光下时（无论是从光治疗头中直接发出的或经过反射的）都有防护措施。

⑤ 操作人员都应佩戴防护眼镜，即使佩戴防护眼镜也不可直视治疗头中发出的强光。

（四）美体类仪器

1. 水疗太空舱

水疗太空舱是一种大型设备，为半封闭式结构，内部加热波动循环水，加入辅助功能同时对身体作用，具有香熏、桑拿、按摩、溶脂、瘦身、美肤效果。

水疗太空舱一般分为远红外太空舱、水疗 SPA 太空舱、水疗能量综合舱、音乐理疗太空舱。按大小分为坐式和全躺式。内部可加入远红外线、蒸汽、彩光、音频等辅助功能。

常规桑拿是将人置于燥热的环境中，温度一般在 80 ～ 110℃之间，由于高温燥热，人们很难长时间坚持，所以效果很差。而养生太空舱发出的远红外线直接作用于人体，并在相对低温的环境中（40 ～ 65℃）使人们享受它带来的好处。远红外线发射的能量大部分被人体直接吸收，很少作用于周围的空气，30min 即可使人体消耗数百卡路里的热量。另外，远红外线可以穿透肌肤 4 ～ 5cm，促进体内毒素和多余脂肪的代谢排出。

2. 健胸仪

健胸仪是一种用来增大女性乳房，健美、护理乳房的仪器。直接作用于胸部，可以有效刺激雌激素和孕激素分泌，唤醒乳房增长，增大瘦小乳房，促进青春期乳房发育，恢复因哺乳引起的乳房下垂、变形。

（1）健胸仪的使用原理。

健胸仪根据人体的生理功能促进女性雌激素分泌，刺激乳房脂肪细胞的生成，使乳房增大。通过移脂走罐把体侧及背部等多余脂肪移到胸部，并通过有氧的物理多频效应把游离脂肪的松散分子辅酶转化为辅基，保留在乳腺组织，提供给新生辅酶（新生游离脂肪群）足够的附着空间并进行逐级转化产生乳腺细胞组织的量化增加，实现安全快速的丰胸效果。并应用物理负压类似人工按摩，帮助乳房集中运动、加速血液循环，促进淋巴回流畅通，启动乳腺因子，使其复活的同时增加胸腺组织的血液流动量提高乳腺组织的应邀供应，促进胸腺细胞组织重新发育成长。同时刺激脑下垂体，促进女性荷尔蒙分泌引发子宫收缩。产生乳腺发育所必须的雌性激素，加强腺体吸收女性荷尔蒙。加速乳腺细胞分裂与复制，唤醒乳房内休眠的乳腺细胞，促进二次发育。使平坦、娇小、干瘪下垂的乳房迅速丰满增大，收紧胸肌韧带增加乳房弹性，使松弛下垂的乳房迅速坚挺圆润。根据不同体质一次丰大 2 ～ 4 公分。

（2）健胸仪使用的注意事项。

① 吸力强度的调整要由弱渐强。皮肤细嫩、松弛者吸力弱些，皮肤弹性好的人吸力可适当强些。

② 吸放频率要适度，避免过快或过慢。

③ 有皮肤病或皮肤溃疡者禁止做健胸仪护理。

④ 健胸时每次应用时间最长不能超过 15min，如需要继续使用，要间隔 10min。

3. 美体减肥仪

美体减肥仪利用负压技术，最早运用于医学上，用以除疤及吸脂手术的恢复，而后随着技术的进步，进而发现其深层的按摩功能，即相当于做有氧运动，有非比寻常的排毒保健功效，作用于人体深层可捏脂、碎脂，分解顽固脂肪、改善橘皮组织，强力紧致肌肤，排水、排毒，促进脂类代谢，更加突出的是"健康的形体雕塑管理"。其作用如下：

① 纤体塑形，提升收紧身体皮肤、改善橘皮组织。

② 对皮肤组织进行有规律的机械有氧运动，缓解压力，消除疲劳。

③ 深层且高强度的淋巴引流将身体组织中的代谢废物排除，达到全身淋巴排毒、改善亚健康状态的功效。

④ 改善皮肤衰老状态，恢复皮肤弹性及光泽。

第二节　美容仪器的原理

一、美容仪器的用电常识

1. 电路

（1）电路：电流通过电源线的那段路程，简称电路。其中分为电源、电器、电源线、开关四个主要部分。

（2）通路：当电流经电源线使负荷正常运转工作时，这样的电路称为通路，也称闭合电路。

（3）断路：电路被断开，电流经过受阻，称为断路。

（4）短路：电流在流经负荷前，遇到了新的通路。比如，另有电线或者具有导电功能的导体将电源的两端连接起来，使电流不经负荷就直接回路，导致电流增加数倍或数十倍，引起电源或电源线烧毁，甚至造成火灾，这种现象称为短路。防止短路是使用电器过程中须加倍警惕的问题。

2. 电功率

当电流接通，负荷运转工作，表现出发光、发热和机械运动时，称为电在做功。电流每秒钟所做的功为电功率，用字母 P 表示。

机器的损耗功率越小，其输出功率就越大，做功的效率就越高。因此，选用美容仪器或有关的美容电器设备时，应当参考它们的功率参数。

3. 常用电学单位及英文标识

> 电流单位：电流单位是"安培"，简称"安"。用字母"A"表示。
> 电阻单位：电阻单位是"欧姆"，简称"欧"，用字母"Ω"表示。
> 电压单位：电压单位是"伏特"，简称"伏"，用字母"V"表示。

我国使用的民用交流电压，一般是220V和380V，而有些国家和地区交流电压为110V。所以在使用国外进口美容仪器时要先查看其电压使用标准是否与我国民用交流电压标准相符，否则不能直接使用，以免使仪器受损。

一般情况下，一节普通干电池的电压约为1.5V左右；一块蓄电池的电压约为2V。人体的安全电压值为36V。

4. 电流的热效应

（1）电流的热效应：当电流流经导体时，导体的电阻要消耗一定的电能。由于电能转变为热能，使导体变热，这种现象叫做电流的热效应。

（2）导线的规格要与通过的电流相适应，变压器、电动机等机电设备中的线圈是用导线绕成的，并通过导线与电源相接。由于电流存在着热效应，因而当导线过细或电流量过大，与电源线的规格不符，使导体产生的温度过高，超过导体所能允许的限度时，就会烧坏导线的绝缘保护层，导致短路或电器设备受损。因此不同型号规格的导线，应有相应的电源限制。

（3）美容电器设备不宜无限制地通电。根据电流热效应的原理可知，如果仪器设备长时间通电，电源线可逐渐变热，当温度超过导线外周的绝缘材料所能耐受的限度时，将会烧毁电源线甚至电气设备。

（4）不可用其他型号的保险丝代替。仪器设备安装时，已为设备安装了配套的保险丝，以确保设备的安全使用。如果通过保险丝的电流过大，保险丝温度升高，最后会自动断裂以保护电器免受损。如换上的保险丝较细，不能承受正常的电流量，就会不断烧断。如换上过粗的保险丝，通过的电流量自动增大，将会直接损坏电源线乃至电器设备，从而导致危险发生。

5. 使用美容仪器安全用电注意事项

（1）使用美容仪器应经过专门培训，操作前认真阅读仪器使用说明书，熟悉仪器性能。

（2）严格按照仪器使用说明书进行操作。

（3）仪器使用完毕后，立即关掉开关，及时切断电源。

（4）有些仪器（如喷雾机）不能通电干烧，而应随时检查盛水杯里的水位高低，以免引起损坏甚至火灾。

（5）美容仪器外壳应保持清洁、干燥。

（6）不可用湿手或湿布触摸、擦拭已通电的美容仪器及设备。

（7）拔掉插头时不要拉电线部分，应从插头处拔起，否则容易使插头接线处脱离，造成短路。

（8）定期检查电线，有问题及时更换或修理，可预防短路或电线走火。

（9）遇到紧急情况时，可将总开关关掉，如可将整个美容院的电源总闸切断，以免产生严重后果。

6.应用电气设备注意事项

（1）使用三相插头的电气设备，不可擅自取掉接地相。

（2）经常检查电气设备的绝缘状况，发现问题，及时处理。

（3）不可随便更换、拆装电气元件。

（4）更换熔丝前应检查新熔丝的规格是否合适，且拔掉电器插头；更换时应保持双手干燥并站在干燥的地方。

（5）电气设备如果在使用中失灵，应先拔掉插头再进行检查或修理。

（6）一个插座最好只插一个插头，过度的负荷易使熔丝烧断。

二、美容仪器的工作原理

（一）高频电离子类美容仪器

1.仪器原理

高频电离子机采用安全的低电压通过振荡电路产生高频振荡电流，具有多种功能，能够进行烧灼、干燥、凝固、碳化、气化、脱毛等。肌肤局部由于高温作用，可封闭微小血管，防止出血。

高频电离子多功能美容仪的输出功率多在10W左右，治疗电极头分长火与短火两挡，输出功率分5级调控。长火挡温度高，火花强，可用于烧灼、切割；短火挡温度较低，火花较弱，用于治疗较小的皮疹，还可换接绝缘针柄电极，治疗深部病变组织及脱毛。

2.适应症

皮肤多种损容性病毒性疣，如寻常疣、扁平疣；各种损容性痣，如色素痣、皮脂腺痣、蜘蛛痣等；各种有碍容貌的皮肤良性肿物，如汗管瘤、毛发上皮瘤、脂溢性角化病、睑黄疣等；脱毛性治疗，如多毛症、腋臭等。

3.禁忌症

肥厚性瘢痕、瘢痕疙瘩体质者或装有心脏起搏器者。

（二）超声波类美容仪器

机械振动频率超过20000Hz，对正常人无听觉反应，称为超声波。利用超声波作用于人体所产生的生理生化效应，治疗某些损容性皮肤病，称超声波美容。

1.仪器原理

（1）机械振动作用。超声波作用于人体组织时，可对组织细胞产生微细的振动按摩作用，引起细胞质活跃与运动，增强细胞酶活性，改善细胞膜通透性，并能促进血液循环与新陈代谢，软化组织，提高再生与修复能力，减轻瘢痕的形成。

（2）温热作用。超声波在机体内能转变成热能，产生温热作用。振动中组织细胞间相互摩擦也能产生热量，从而使局部组织温度升高，毛细血管扩张，促进血液循环与新陈代谢，使皮肤富有光泽和弹性。

（3）化学作用。在超声波的机械振动与温热作用下，促进了机体物质代谢与生理生化代谢，增强机体活力。微细快速的超声波振动还可将大分子物质解聚为较小的分子，从而有利于将某些美容性物质导入体内，增强美容治疗与护理效果。

2. 适应症

用于消除局限性炎症、红斑、毛细血管扩张、痤疮、慢性毛囊炎等；软化瘢痕、炎症硬结；祛除眼袋、黑眼圈、细小皱纹。单独应用超声波或导入祛斑药物对于色素性皮肤病有较好的美容效果，如黄褐斑、色素沉着斑。

3. 禁忌症

伴有活动性肺结核、败血症、严重支气管扩张、妊娠妇女、冠心病、安装心脏起搏器者勿用超声波仪器。

（三）激光类美容仪器

1. 激光的分类

（1）固体激光。固体激光是由精心筛选的材料棒产生的，材料棒的两端被抛光成平面，外面覆盖上反射激光束的镜子，如红宝石激光和掺钕钇铝石榴石激光。

（2）液体激光。如染料激光，液态激光器在较高的能量水平下不容易折断或破坏，只要少量的无机液体便可以产生出激光。玻璃器皿中的无机染料是最常用的液态激光材料，它是能重复发射不同颜色光线的氟液体。

（3）气体激光。气体激光是指气体放电激光。具有放电特性的气体原子能被激活并发射和产生光线，如氖原子。

（4）半导体激光。半导体激光是由相连接的两片半导体材料构成的激光器产生的，这两片半导体预先经过了不同的处理，含有不同的杂质。当大量电流流经这一装置时，激光束就从连接处出现。

（5）自由电子激光。相对以上的激光类型而言，自由电子激光在产生高能量射线方面的效率是最高的。而且它可调整的波长范围很广，短至微波，长至紫外线。

2. 激光的物理学作用

（1）热效应。光被生物组织吸收后转化为热能，使组织的温度升高，性质发生变化，即产生热效应，其机制一是吸收生热，另一种是碰撞生热。激光的高温效应使蛋白质发生变性，会引起不可逆变化，使细胞和组织受到破坏。特别是体内的酶和神经细胞对热作用的变化比较敏感。

（2）压强效用。当光照射到物体上时，光子把它的动能转给物体，而对物体产生光压，简单地称为一次压强，医用激光的一次压强通常很小，可以忽略不计。激光对生物组织的压强作用，可使组织产生机械性损害或破坏。例如，黑素颗粒在瞬间吸收大量热量后可产生"爆破效应"，使大的黑素颗粒瞬间爆破成更加细小的小颗粒。

（3）电磁场效应。激光式电磁波，激光以电磁场的形式参与生物组织的作用，电磁波辐射具有两种特性：波的特性和粒子特性。各种不同的射线主要区别在于它们的振荡频率不同，进而其波长不同，从而其所携带的能量强度也不同，因此它们与组织的作用方式和结果也不同，美容仪器正是利用这些不同的作用结果和方式进行工作的。

3. 激光的生物学作用

（1）光化效应。可见光和紫外线处在电磁波的中段部位，其光子能量与电子在原子外周轨道上的转换相一致，紫外线和可见光能通过激活分子中化学键的电子活性来激发特异性的化学反应。

（2）刺激效应　　强激光治疗疾病的直接目的是使生物组织损伤，破坏生物组织，如使组织凝固、液化、碳化和气化等。而弱激光通过加强血液循环、调整功能、促进细胞生长、加快组织修复等作用而达到使用目的。

4.激光在皮肤中传输的物理过程

激光在组织内传输的主要物理过程是散射和吸收。皮肤组织是一种致密的有层次的非均匀的浑浊的光学介质。皮肤厚度和皮肤中不同的色基对激光使用和防护有重要意义。光通过皮肤介质后能量被衰减的现象即是皮肤介质对光的吸收。

(四) 光子嫩肤类仪器

皮肤的老化分为生理性老化和病理性老化。生理性老化是受遗传控制的正常自然老化过程，是难以克服的生理现象。病理性老化则是皮肤在各种内外界因素作用下发生的老化现象。生理性老化是难以干预的，但病理性老化则可通过人为干预而延缓皮肤的老化现象。皮肤的老化主要是光老化，是由光损伤所致。

通常把光损伤分为 A、B 两类。A 类光损伤：各种色素斑，如雀斑、炎症后色素沉着斑和老年斑等；血管性病变，如毛细血管扩张症、酒糟鼻和脂溢性皮炎等。B 类光损伤：真皮和表皮组织结构的改变，涉及胶原组织结构的变化，如皱纹、毛孔粗大和明显的弹力纤维改变等。

1.仪器原理

（1）选择性光热作用原理：输出的较短波长的光可被皮肤中的色素和血液中的氧合成血红蛋白优先选择吸收，在不破坏正常皮肤的前提下，使血管凝固，色素团或色素细胞破坏、分解，从而达到治疗毛细血管扩张、色素斑的效果，因而可用于 A 类光损伤。

（2）生物刺激作用：输出的较长波长的光可穿透到皮肤较深层组织产生光热作用和光化学作用，使皮肤的胶原纤维和弹力纤维重新排列和再生，恢复弹性，从而达到消除或减轻皱纹、缩小毛孔的治疗效果，因而可用于 B 类光损伤。

2.适应症

皮肤异色症以及激光磨削术后或其他换肤术后的红斑、酒糟鼻、毛细血管扩张症；雀斑、黄褐斑、色素沉着斑；光损伤、光老化引起的皱纹和皮肤松弛、弹性纤维变性、毛孔粗大、凹陷性较浅瘢痕等。

3.禁忌症

（1）近期接受过阳光曝晒及将要接受阳光曝晒的人群。

（2）光敏性皮肤及正使用光敏性药物的人群。

（3）近期口服异维 A 酸者。

（4）妊娠期妇女。

（5）糖尿病患者。

（6）有瘢痕史者。

（7）怀疑有皮肤癌的患者。

（8）存有不现实期望者。

第四篇　美容技能

第一章　美容按摩

本章学习目标

1. 掌握美容师的手部训练
2. 了解美容按摩的常用手法
3. 掌握美容按摩的作用与功效

第一节　美容师的手部训练

美容师手操，是成为一名合格美容师的必修课，因为美容师在为顾客进行护理操作时，手的动作要做到非常灵活地适应人体各部位的变化，根据操作部位及状态，对手法及力度做出相应的调整。以下的手部运动训练就可以达到这个目的，并且还能有利于保持良好的手形。

一、手部灵活性训练

（一）手腕关节训练

动作 1——放松手腕

动作要领：双手在胸前相对，手腕放松，指尖朝下，在胸前快速上、下甩动手腕，如图 1-1 所示。

视频 1

作用：能够加速手部的血液循环。

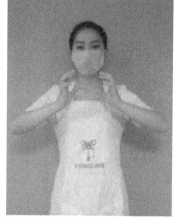

图 1-1

动作 2——旋转手腕

动作要领：双手十指交叉对握，与胸平齐，掌心朝下，两肘下沉，分别向前、后、左、右转动手腕，如图 1-2 所示。

作用：活动腕关节。

动作 3——手腕绕圈

动作要领：双手各握拳，与胸平齐，掌心朝下，同时分别向顺时针、逆时针方向做 360 度手腕绕圈动作，如图 1-3 所示。

作用：增加手腕的力量及灵活性。

 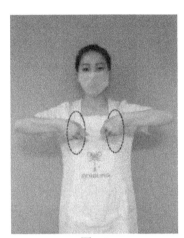

图 1-2　　　　　　　　　　　　　　　　　图 1-3

（二）指及指掌关节训练

动作 4——弹钢琴

动作要领：两臂伸直与肩平行，掌心朝下，手指伸直。假想面前有一架钢琴，从拇指开始分别逐一有节奏地下压，犹如弹琴，然后再由小拇指弹回拇指，动作要快速、连贯，指尖尽量抬高，如图 1-4 所示。

作用：能够促进手指间的协调性。

（三）指形训练

动作 5——拉手指

动作要领：双手十指交叉于手指根部，与胸平齐，掌心朝下，双手用力从指根向两旁拉开，如图 1-5 所示。

作用：促进血液循环，保持良好手形。

动作 6——抛球

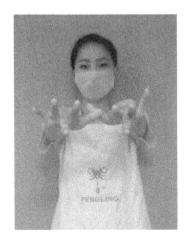

图 1-4

动作要领：双手各握拳，与肩平齐，掌心朝外，假想手中各紧握一个小球，用力甩动小臂将想象中的小球"掷出"。"掷出"时，手指尽量张开，使手背有紧绷感，如图 1-6 所示。

作用：可拉伸掌部韧带，活动手指、指掌手腕关节。

图 1-5

图 1-6

动作 7——压掌

动作要领：双手在胸前并拢合十，指尖向上，交替用力向左右方向反复推掌、压腕，如图 1-7 所示。

作用：增加手指和手腕的力度及柔韧性。

动作 8——握拳

动作要领：双手掌心在胸前相对，指尖朝上，十指随着节拍从第一指关节开始用力向下弯曲，最后至掌心握拳，如图 1-8 所示。

作用：增强手指力量及控制能力。

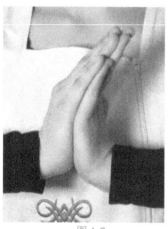

图 1-7

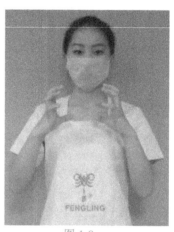

图 1-8

二、手部协调性训练

动作 9——正轮指

动作要领：双手在胸前相对，掌心朝下，手指绷直，向内旋转手腕的同时，从食指依次至小指分别带向掌心，结束动作呈握拳状，拇指不动，如图 1-9 所示。

作用：能够增强手指和指掌关节的灵活性及手指间的协调性。

动作 10——反向轮指运动

动作要领：双手在胸前相对，掌心朝下，手指绷直，向外旋转手腕的同时，从小指依次至食指分别带向掌心，结束动作呈握拳状，拇指不动，如图 1-10 所示。

作用：能够增强手指和指掌关节的灵活性及手指间的协调性。

图 1-9

图 1-10

第二节　美容按摩的常用手法

按摩是人类最古老的一种物理疗法，根据按摩部位的不同，所达到的效果也有所不同。按摩流派及手法多样，大致形成以按抚为主要特点的西式按摩和以按压点穴为主要特点的中式按摩，但较为适宜的按摩手法应该是中西结合。结合现在美容按摩的需要，这里主要介绍在美容按摩护理中常用的 20 种基本按摩手法。

一、摩擦类手法

1. 摩法

定义：手掌或指腹轻贴受术部位，做环形或半环形轻缓而有节律的盘旋摩擦，称为摩法。摩法多用于按摩的开始。

手法要领：放松肩臂，将力集中在全掌或指腹，紧贴体表，以手腕的转动带动掌指做转动。动作要连贯，力度轻柔、缓和、渗透，向下打圈时力度要轻，如图 1-11 所示。

主要功效：促进皮肤的血液循环和皮脂腺的分泌功能，调和气血、消积导滞、祛淤消肿。

2. 抚法

定义：手掌或指腹着力于受术部位，轻轻滑行做往返移动，称为抚法。抚法多用于按摩的开始与结束。

手法要领：全掌或指腹平放于受术部位，以手臂带动掌指做上下、左右直线或弧线曲线往返拉抹，如图 1-12 所示。手法要轻柔，节律均匀。

主要功效：疏通经络、活血散瘀、缓解疼痛、镇静安神、清脑明目。

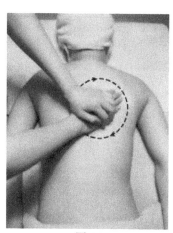

图 1-11

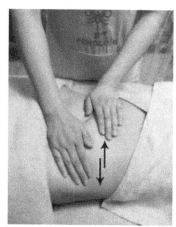

图 1-12

3.抹法

定义：用单手或双手的指面、掌面紧贴体表，做上下、左右或弧形往返移动，称为抹法。

手法要领：指腹或全掌紧贴受术部位，稍施力做单向或往返推动，如图 1-13 所示。其全套动作要一气呵成，中间不要随意停顿。

主要功效：增进血液循环、扩张血管、活血止痛、通经活络、开窍镇静、清脑明目。

4.按法

定义：用手指或手掌面着力于受术部位，逐渐用力加压，称为按法。

手法要领：用力方向要垂直，由轻而重，稳而持续，结束时逐渐减力，如图 1-14 所示。

主要功效：开塞通窍、调和气血、坚实肌肤、疏松筋脉。

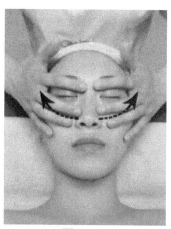

图 1-13

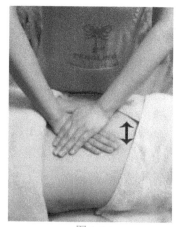

图 1-14

5.推法

定义：用指或掌部着力于受术部位做单方向直线移动，称为推法。用指称为指推，用掌称为掌推。

手法要领：

（1）指推法：放松肩臂，以单手或双手拇指指腹或指侧着力于受术部位，略施力做单方向、有节奏的直线向前推进动作，如图 1-15 所示。推进速度和力度要均匀，用力垂直。

（2）掌推法：以掌根部为主，全掌着力，或将手掌平贴于受术部位，做直线推动。

操作时力度适宜，速度平稳；配合呼吸，直线推动。如需加力时，可用双手掌重叠按压在受术部位以达到按摩效果，如图 1-16 和图 1-17 所示。掌推法多用于按摩的开始与结束。

　　主要功效：疏通经络、舒筋活血，增强深层肌肤组织运动，消减脂肪堆积，消积镇痛。

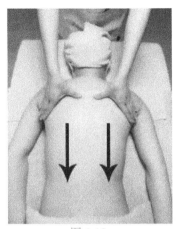

图 1-15

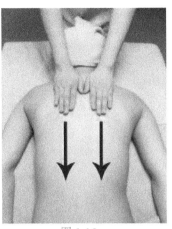

图 1-16

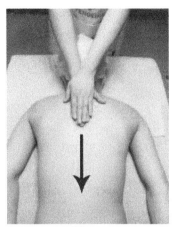

图 1-17

图 1-18

6. 梳法

　　定义：五指展开，以指面和掌面为接触面，如梳发状在体表轻轻滑动，称为梳法。

　　手法要领：双手五指分开略微屈，形如爪状，以指端及指腹着力于头部，左右、上下梳搔，如图 1-18 所示。此法主要用于头部。

　　主要功效：解郁除烦、疏散风邪、舒经顺络、疏通气血。

二、揉动类手法

1. 揉法

　　定义：以指或掌面紧贴于受术部位，进行左右、前后的内旋或外旋揉动的方法，称为揉法。用双手拇指揉，称为双拇指揉法，用双手的大鱼际着力揉动，称为大鱼际揉法。

　　手法要领：

　　（1）双手拇指揉法：以双手拇指指腹紧贴于受术部位，轻轻地旋转揉动体表，如图 1-19 所示。用力需均匀、连贯，由轻而重，由浅入深，逐步扩大旋转揉动范围，动作深沉。

　　（2）大鱼际揉法：双手微握拳，用大鱼际紧贴受术部位，以腕关节带动前臂和手腕部做有节律的旋转揉动，如图 1-20 所示。在受术部位回旋运动，并带动该处皮肤及皮下组织一起运动。

　　主要功效：加速血液循环，增加氧的代谢及养分的吸收，舒经通络，消肿止痛。

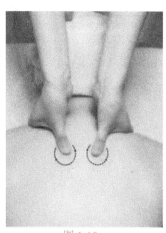

图 1-19

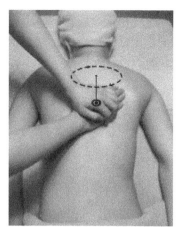

图 1-20

2. 搓法

定义：以双手掌面挟住受术部位，同时相对用力做反方向的来回快速搓动，并同时做上下往返移动，称为搓法。根据作用的部位不同可分为拇指推搓法和双指搓法。

手法要领：

（1）拇指推搓法：以双手拇指指腹或指偏峰紧贴受术部位，对称用力，做上下或左右往返移动，交叉搓揉，如图 1-21 所示。动作和缓连贯，深沉均匀。

（2）双指搓法：双手的食指与中指并拢相对用力，做方向相反的往返搓动，如图 1-22 所示。操作时动作和缓连贯，深沉均匀。

主要功效：疏通经络、放松肌肉，加速血液循环，增强皮肤的新陈代谢。

3. 擦法

定义：双手微握拳，用食、中、无名、小指四指的第一指关节的背侧部位着力于受术部位，进行滚动的方法，称为擦法。

手法要领：双手微握拳，用食、中、无名、小指的第一指关节的背侧紧贴受术部位体表，通过腕关节连续的屈伸摆动及指掌关节的旋转运动，带动前臂做有节律的滚动，如图 1-23 所示。操作时，腕部要放松，贴实体表，不可跳跃摩擦。

主要功效：通经活络、行气活血，增强肌肤活动能力，促进血液循环，消除肌肉疲劳。

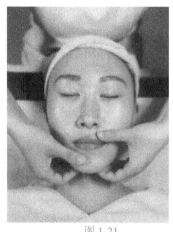

图 1-21

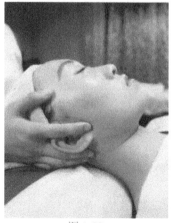

图 1-22

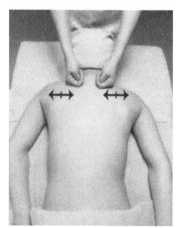

图 1-23

三、挤压类手法

1.压法

定义：以指、掌、掌根、鱼际等部位着力于受术部位，用力下压的方法，称为压法。以指着力下压，称为指压法；以掌着力下压，称为掌压法；以掌根下压，称为掌根下压法；以鱼际下压，称为鱼际下压法。压法的力量比按法较重。

手法要领：

（1）指压法：以指腹部紧贴受术部位，用力下压，如图1-24所示。多用于穴位。

（2）掌压法：双手全掌紧贴受术部位，用力下压，如图1-25所示。压力须均匀、渗透，和缓有力。

主要功效：疏通经络、舒展肌筋、紧实肌肤、镇静安神、解痉止痛。

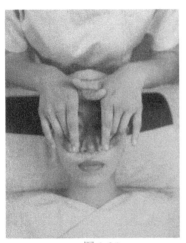

图 1-24　　　　　　　　　　　　　　　　图 1-25

2.捏法

定义：以拇指、食指或拇指、中指挤捏肌肉、肌腱，并连续移动的方法，称为捏法。

手法要领：

（1）揉捏法：双手微握，自食指至小指自然并拢，拇指指腹与食指指腹相对用力，一张一合，反复、持续、均匀地捏拿皮肤、肌肉，如图1-26所示。操作过程中用爆发力，使局部肌肤快速被捏起、脱滑复位，切不可将肌肤持续捏住，要刚中有柔，柔中有刚，灵活自如，柔和渗透。

（2）啄捏法：双手微握，无名指与小指握向掌心，虎口向上，食指自然微弯。用拇指指腹与中指指腹相对用力，一张一合，反复、持续、快速、均匀地捏拿皮肤；上下摆动腕部，形如小鸡啄米，如图1-27所示，操作过程中要手法柔和渗透，轻重有度，连续移动，轻巧敏捷。

主要功效：促进局部血液循环，加速营养物质的渗透，消除肌肉酸胀，调和气血，通经活络。

3.理指法

定义：以一手的食、中指指根部相对用力，施以捋理的方法，称为理指法。

手法要领：一手微握拳，以食、中指指根部挟住受术部位顺着指根部向指尖方向捋顺，另一手固定受术者手腕部位，如图 1-28 所示。操作时，循序移动，松紧适宜。

主要功效：疏通经络，加速血液循环，训练并保持良好手形。

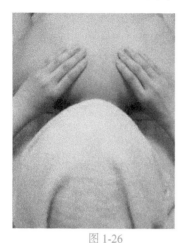
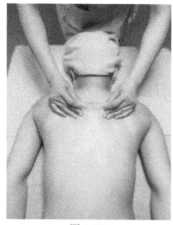

| 图 1-26 | 图 1-27 | 图 1-28 |

4. 点法

定义：以指端或指腹固定于受术部位进行点按，称为点法。点法分为拇指点法、中指点法和多指连点法。

手法要领：

（1）拇指点法：手微握拳，拇指指端着力点按于受术体表穴位上。点按时由肩或手腕、前臂发力，力达指端，如图 1-29 所示。其力度由轻到重，持续、柔和、渗透。

（2）中指点法：手微握拳或自然伸直，以中指指端用力，点按于受术体表穴位。点按时由肩或手腕、前臂发力，力达指端，如图 1-30 所示。其力度由轻到重，持续、柔和、渗透。

（3）多指连点法：五（四）指自然分开，指尖相距一定距离，由小指至拇指或由拇指至小指，依次连续点压某一经络上距离相近的几个不同穴位，待五（四）指点定五（四）个穴位后，再由前臂或由肩发力，力达指端，持续点压数秒，如图 1-31 所示。点压力度由轻到重，柔和渗透。

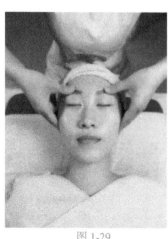
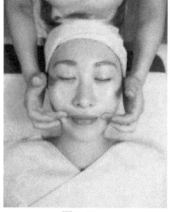
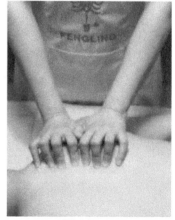

| 图 1-29 | 图 1-30 | 图 1-31 |

四、提拿类手法

1. 握拿法

定义：双手或单手的拇指与其余四指对合呈钳形，施以夹力握拿于受术部位，称为握拿法。

手法要领：五指微屈，拇指与其余四指指腹对合呈钳形握住受术部位，一紧一松地握拿。对合时手指施力需对称，由轻到重加力，如图 1-32 所示。边握拿边连续移动，速度均匀，不快不慢。

主要功效：加速血液循环，促进新陈代谢，消除疲劳，活血定痛，增加肌肤弹性，使肌肉坚实。

2. 弹法

定义：以指端着力于受术部位体表，施用弹动的手法，称为弹法。用拇指弹动称为拇指弹法，用食指至小指同时弹动称为四指弹法。

手法要领：

（1）拇指弹法：食指至小指微握，拇指伸直，以拇指指尖着力，做形如弹弦的快速弹动，如图 1-33 所示。动作连贯，弹动快，移动慢，用力均匀。

（2）四指弹法：又称轮指，五指自然分开，以食指至小指指端（从食指端至小指指端为正向轮指，从小指指端至拇指指端为反向轮指）着力于受术部位体表，向内或外旋转手腕的同时带动四指做连续、快速的轮弹，如图 1-34 所示。弹动时，用力适度、均匀。

主要功效：加速血液循环，加强新陈代谢，增强营养物质的渗透，增加肌肤弹性。

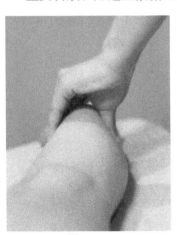

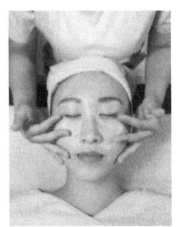

图 1-32　　　　　　　　　图 1-33　　　　　　　　　图 1-34

五、叩击类手法

1. 叩法

定义：手呈空握拳形，以手指或手掌尺侧部着力，有节奏地叩击的手法，称为叩法。

手法要领：手呈空握拳形，虎口向上打开，以手指或掌侧部着力，用前臂发力带动腕部抖动，叩击受术部位体表，如图 1-35 所示。叩击时手腕灵活，动作轻快、连续，富有弹性，施力均匀，左右手交替叩击，节律清晰。

主要功效：活血止痛、消除疲劳、强健肌肤。

2. 空拳叩击法

定义：单手或双手的五指并拢微屈，着力于受术部位体表，叩而击之，其力略小于叩法，称为空拳叩击法。

手法要领：单手或双手的五指分别并拢呈空拳状。手腕放松，用诸指第一指关节、大小鱼际及掌根部组成一圆形叩击环，由腕部发力，进行轻快有节奏的叩击，如图1-36所示。叩击时，手腕应灵活，手法力量要均匀，由轻到重不可用猛力。

主要功效：调和气血、消除疲劳、坚实肌肤，增加肌肤弹性。

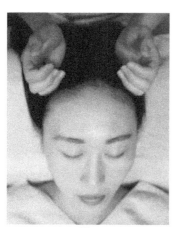
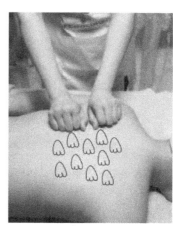

图 1-35   图 1-36

3. 击法

定义：双掌虚合，以小指、小鱼际尺侧着力于受术部位体表进行有节奏的击打的方法，称为合掌侧击法；以食指尺侧着力于受术部位体表进行有节奏的击打的方法，称为指侧击法。

手法要领：

（1）合掌侧击法：双掌掌心相对虚合，拇指交叉对握，以小指、小鱼际尺侧着力，以腕掌关节发力，抖动手腕，击打受术部位体表，如图1-37所示。

（2）指侧击法：双掌掌心相对虚合，拇指交叉对握，小指、无名指交叉对握，中指、食指相对并拢，以中指尺侧着力，以腕掌关节发力，抖动手腕，击打受术部位体表，如图1-38所示。

击法在操作过程中，要注意抖腕，以腕带掌，瞬间击打。要灵活有序，均匀协调。在着力瞬间会发出"空空"之声。

主要功效：疏通经络、通透毛孔、放松肌肉、坚实肌肤。

六、运气推拿类手法

1. 抖法

定义：单手或双手握住肢体远端，微微用力做连续上下抖动，使整个肢体随之呈波纹状起伏抖动，称为抖法。

手法要领：以单手或双手握于受术肢体远端（指端），先缓慢轻柔地做上下运动、抖动摆动，使受术肢体放松，再慢慢加力、加速，使受术部位呈波浪状起伏抖动，如图1-39所示。

主要功效：祛郁消积、活血止痛、放松肌筋、消除疲劳、疏理筋经。

2. 振颤法

定义：以掌、指着力于受术部位体表，由肩臂肌肉收缩、发力，传导于手部，做快速、急聚而细微的振颤，称振颤法。

手法要领：以单手或双手指掌平贴于受术部位体表，稍施压力，紧贴受术部位。上臂肌肉收缩至振颤，经前臂、掌、指施于受术部位体表，使受术部位肌肤急聚振颤，力达深层，如图 1-40 所示。

主要功效：理气行血、除积导滞、松弛肌筋、开导放松。

图 1-37

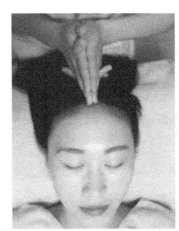
图 1-38

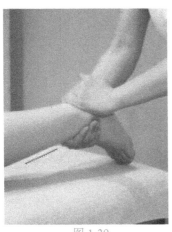
图 1-39

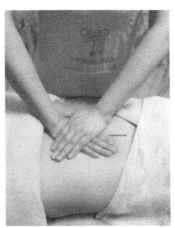
图 1-40

第三节　美容按摩的基本知识

一、美容按摩的作用与功效

按摩原理：美容按摩，就是用四肢或某些器械作用于体表，通过一定的按摩手法刺激皮肤和深层肌肉组织，借助神经的应激作用，贯通脏腑、经络和皮肤的气血运行，引起大脑皮层对全身机能的调整，促进新陈代谢，使人体各系统、各器官处于良性运行状态，从而达到强健肌肤的作用。

1. 增进血液循环，促进细胞新陈代谢

按摩能促进血液和淋巴液的循环，增加细胞氧的供给，有利于皮肤中二氧化碳和废物的排出，促进细胞进行正常的新陈代谢。

2. 减少皮肤松弛现象及皱纹，延缓皮肤衰老

按摩可以促进皮脂腺、汗腺的分泌，使皮肤得到滋润，加强皮肤的胶原纤维、弹力纤维的功能，增加皮肤的弹性，使肌肤更加紧实，减少皱纹的产生，从而达到延缓衰老的目的。

3. 排除积于皮下过多的水分，消除肿胀

按摩属于被动式运动，经常按摩可以消除皮下多余的水分，改善过多水分引起的肿胀和松弛现象，使皮肤结实而富有弹性。

4. 放松神经，消除肌肉疲劳

缓慢轻柔而有节律的手法，反复刺激肌肤、穴位后对神经有抑制作用，可以放松皮下神经。按摩是解除肌肉紧张和痉挛的有效方法，它可以直接放松肌肉，消除肌肉疲劳，促进肌肉的血液循环，改善营养供应。

5. 健美体形，增强免疫力

通过对肥胖部位施以局部按摩，穴位刺激，疏通经络，可使体内代谢增强，促进脂肪的分解与热能的消耗，从而达到健美体形的目的。按摩带给人的愉悦感受有利于健康激素的分泌，增强人体酶的活性、细胞的新陈代谢和抗体的免疫力。

二、美容按摩的基本原则、要求与禁忌

了解了美容按摩的作用与功效后，在进行按摩操作之前，还有一些基本的按摩原则、要求、注意事项及禁忌等应事先掌握。

（一）按摩的基本原则

按摩看上去是一项简单的动作，其实不然，科学的按摩必须遵循一定的原则。

1. 按摩方向由下至上

人随着年龄的增长，生理机能的减退，肌肤就会出现松弛的现象。又由于地心引力的作用，松弛的肌肉会下垂而呈现出衰老的状态。因此在按摩时，手法应由下至上进行按摩，否则就会加重肌肉下垂，加速肌肤的衰老。

2. 按摩方向从里向外，从中间向两边

特别是在进行面部抗衰老性按摩时，尽量将面部的皱纹展开，并推向面部两边。

3. 按摩方向与肌肉走向一致，与皮肤皱纹方向垂直

因为肌肉的走向一般与产生皱纹的方向是垂直的，所以在按摩时只要注意走向与出现皱纹的方向垂直，就可以保证与肌肉走向基本平行一致。

4. 按摩时尽量减少肌肤的位移

当肌肤发生较大位置移动时，肌肉运动方向的另一侧的肌纤维势必绷紧，过强、持续的张力会使肌肤松弛，加速其衰老。因此，在按摩时一定要注意减少肌肤的位移。使用足够量的按摩介质（如按摩霜、精油）来润滑肌肤，也是防止肌肤位移的有效方法之一。

（二）按摩的要求

（1）按摩应缓慢、轻柔、平稳而有节奏感或韵律感。

（2）按摩应连贯，避免中途停止。

（3）按摩手法及动作的次数应视皮肤情况及按摩时间而定。

（4）按摩的力度应虚实结合，向下向外时用虚力，向上向内时用实力。

（5）按摩动作应先慢后快、先轻后重，应有渗透力。

（6）按摩时间因时、因事、因人而异。要综合考虑季节、地域环境、个人体质和皮肤类型不同以及所服务的项目等因素，具体制定出合理的时间。

（7）按摩的次数取决于顾客皮肤状况及年龄等因素。

（8）按摩动作要熟练、准确、灵活。

（三）按摩的注意事项及禁忌

1. 按摩的注意事项

（1）不可留长指甲，以免按摩时伤到顾客。

（2）手部保持温暖，手腕保持灵活、柔软。

（3）按摩时要给予足量的按摩介质，以保持润滑、舒适。

（4）除头部按摩外，其他部位在按摩前应做彻底的清洁。

（5）最好在淋浴或蒸喷后，毛孔张开时进行按摩。

2. 按摩禁忌

（1）正值过敏期或严重敏感性皮肤禁止按摩。

（2）严重毛细血管扩张皮肤禁止按摩。

（3）皮肤急性炎症、外伤、严重痤疮皮肤禁止按摩。

（4）患有传染性皮肤疾病（如扁平疣、黄水疮等）慎重按摩。

（5）哮喘病发作期禁止按摩。

（6）骨节肿胀、腺肿胀者禁止按摩。

（7）急性传染性疾病患者禁止按摩。

（8）皮肤有创口或炎症者慎重按摩。

（9）血小板低下者慎重按摩。

（10）女性经期不做腰骶部及双髋部的按摩。

第二章　面部皮肤护理

本章学习目标

1. 了解皮肤护理的分类及重要性
2. 掌握面部皮肤护理的程序及操作
3. 掌握不同类型面部皮肤护理的方法

第一节　面部皮肤护理概述

一、面部皮肤护理的定义及分类

面部皮肤护理，又称面部保养，是在科学美容理论的指导下，运用科学的方法，专业的美容技能、美容仪器及相应的美容护肤品，来维护和改善人体面部皮肤，使其在结构、形态和功能上保持良好的健康状态，延缓其衰老的进程。面部皮肤护理可分为两类。

1. 预防性皮肤护理

预防性皮肤护理是利用深层清洁、按摩等护理方法来维护皮肤的健康状态。

2. 改善性皮肤护理

改善性皮肤护理是针对一些常见皮肤问题（医学上称损美性皮肤病），如色斑、痤疮、老化、敏感等，利用相关的美容仪器、疗效性护肤品对其进行特殊的保养和处理，达到改善皮肤状况的效果。

二、面部皮肤护理的重要性

人体的肌肤是身体的保护层，不仅能抵御外界细菌的侵入，也是衡量一个人健康貌美的标准。特别是面部肌肤，长年累月地暴露在空气当中，因环境因素而受到的损害最大，容易出现敏感、晒伤、痤疮、老化等皮肤问题。正确的皮肤护理有助于改善皮肤表面的缺水状态，可保持毛孔通畅，淡化色斑，减少微细皱纹，加速皮肤的新陈代谢。总之，皮肤护理有助于预防及改善皮肤问题，延缓皮肤衰老，保持皮肤的健康状态。面部皮肤护理可起到五方面的作用。

1. 清洁作用

定期到美容院做适当的深层清洁，能有效地清除老化角质，有助于保持毛孔通畅而减少痤疮的形成。

2. 预防作用

正确的面部皮肤护理有助于预防痤疮的形成，减缓皮肤提前老化的过程，从而保持皮肤健康、年轻。

3. 改善作用

正确的面部皮肤护理有助于改善皮肤晦暗、色斑、粗糙等不良状况，从而保持皮肤健康、美丽。

4. 减压作用

在进行面部护理时，正确的按摩手法、舒适的环境、轻松的音乐，有助于神经、肌肉的放松，舒缓压力。

5. 心理美容作用

面部护理在改善皮肤不良状况的同时，更能增添被护理者的自信心。

第二节　面部护理的一般程序

视频 2

一、皮肤护理前的准备工作

1. 做好准备工作的目的

为了保证护理工作能够有条不紊地顺利进行，美容师应做好护理前的所有准备。

2. 准备工作基本程序

（1）提前为顾客安排好美容房间，调整好室内的温度、光线、音乐等，检查美容床上的毛巾（两条大浴巾、三条小毛巾）是否消毒干净，并将其整理成待客状态，如图 2-1 所示。

（2）检查美容仪器、设备的电路是否畅通、安全、运转正常，确保使用仪器、设备消毒卫生。

用品、用具放在随手可取的工作台或手推车上，排列整齐，如图 2-2 所示。对于物品的摆放应该注意以下两个方面：

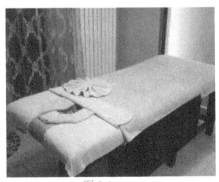
图 2-1

图 2-2

① 建议手推车桌面从左至右按皮肤护理流程依次摆放产品，可用消过毒的容器盛装。一般从左至右包括：75% 酒精棉球或其他消毒杀菌液→卸妆产品→洁面产品→化妆水→去角质产品→按摩产品→精华素→面膜→眼霜→日霜→防护产品。

② 摆放的消毒工具及用品主要包括：棉片、棉棒、纸巾、调膜勺、面膜碗、暗疮针、镊子、刮眉刀、一次性洗面巾或海棉等相关工具。

（3）提前十分钟在店门口热情地准备迎接顾客。

（4）协助顾客做好皮肤护理前的准备。

① 请顾客除去所佩戴的金属饰物，避免使用仪器时发生意外。

② 帮助顾客收存好私人贵重物品。

③ 帮助顾客更换美容服。

（5）为顾客包头。

① 将长毛巾的长边向下折叠2cm左右，垫在顾客头下，让顾客的头躺在毛巾中间位置，毛巾折边与顾客后发际平齐，如图2-3所示。

② 用左手拿住折边一端沿顾客耳后向右方拉紧至额部压住头发，右手掌同时配合将包住的头发拢向耳后，如图2-4所示。

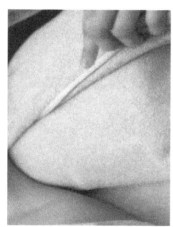 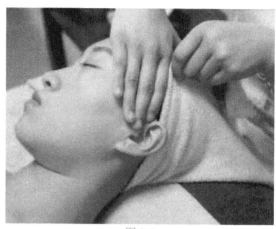

图 2-3 图 2-4

③ 用同样的方法将右侧包好，然后将毛巾塞进折边内固定好，如图2-5所示。双手四指扣住毛巾边缘，轻轻将包好的毛巾向后拉至发际边缘。

注：包头时，随时询问顾客松紧是否舒适。去角质和敷面膜时可将顾客耳朵包进。

（6）将备用小毛巾对折呈"V"形，为顾客盖住肩头，如图2-6所示。

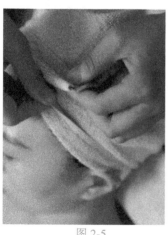 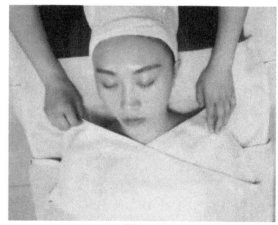

图 2-5 图 2-6

（7）消毒双手，并用面盆盛好洁面用水。

酒精消毒浓度越高越好吗?

　　酒精又称乙醇,是常用的皮肤消毒剂。75%(按质量计)的酒精用于灭菌消毒,50%的酒精用于防褥疮,20%~50%的酒精擦浴用于高热病人的物理降温。不同浓度的酒精都是由高浓度(95%)酒精经蒸馏水稀释而成的。

　　酒精之所以能消毒是因为酒精能够吸收细菌蛋白的水分,使其脱水变性凝固,从而达到杀灭细菌的目的。如果使用高浓度酒精,对细菌蛋白脱水过于迅速,使细菌表面蛋白质首先变性凝固,形成一层坚固的薄膜,酒精反而不能很好地渗入细菌内部,以致影响其杀菌能力。75%的酒精与细菌的渗透压相近,可以在细菌表面蛋白未变性前逐渐向菌体部渗入,使细菌所有蛋白脱水、变性凝固,最终杀死细菌。酒精浓度低于75%时,由于渗透性降低,也会影响杀菌能力。

　　由此可见,酒精杀菌消毒能力的强弱与其浓度大小有直接的关系,过高过低都不行,效果最好的是75%浓度的酒精。酒精极易挥发,因此,消毒酒精配制好后,应立即置于密封性良好的瓶中保存、备用,以免因挥发而降低浓度,影响杀菌效果。

二、面部护理的一般程序

（一）面部清洁

　　面部皮肤长年累月地暴露在空气中,空气中漂浮的污染物、尘埃、细菌等都会附着于皮肤的表面,再加上皮肤自身分泌的油脂、汗液、老化细胞,如果不能及时清除就会影响皮肤正常生理功能的发挥,使皮肤出现肤色晦暗、肤质粗糙的情况,甚至会引起过敏、发炎、痤疮及斑疹等问题。由此可见,面部清洁是皮肤护理的第一步。

1. 面部清洁的目的

　　（1）彻底清除皮肤表面的污垢、化妆品、皮肤分泌物及代谢废物,使皮脂腺、汗腺分泌物排出通道畅通。

　　（2）促进皮肤新陈代谢,增强皮肤吸收功能。

　　（3）调节皮肤 pH 值,保持皮肤正常的酸碱度,防止细菌感染。

　　（4）使皮肤得到放松、休息,以便充分发挥皮肤的生理功能。

2. 面部清洁的步骤

　　卸妆→表层清洁(洁面、包括清洗)→深层清洁(去角质及其他)

表层清洁和深层清洁

　　皮肤上有三层"垃圾"：第一层是覆盖在皮肤上的灰尘和皮肤分泌物，第二层是毛孔浅层中的污垢，第三层是皮肤新陈代谢而产生的角质层老化或死亡的细胞。洗面奶配合清洁手法只能去掉前两层"垃圾"，角质层的老化或死亡的细胞，则可以借助去角质专用产品进行去除。因此，人们常将清洁皮肤分为表层清洁和深层清洁。

　　（1）卸妆。

　　卸妆就是用卸妆液、洁面膏等卸妆产品去除彩妆。

　　卸妆是清洁皮肤的第一步，即将面部的彩妆，如粉底、眼影、睫毛膏、唇膏等彻底清除。卸妆时要用专业的卸妆产品操作，不能用洗面奶代替。由于眼部皮肤比较薄嫩，所以应选择清洁力强而又温和无刺激的眼部卸妆产品。

　　卸妆顺序：睫毛→眼线→眼影→眉毛→唇部→面部

视频 3

　　卸妆步骤如下：

　　① 清除睫毛膏及眼线。

　　a、让顾客闭上双眼，将两块消毒棉片对折，分别横放在顾客下眼睑睫毛根处，如图 2-7 所示。

　　b、左手按住棉片，右手用蘸有卸妆液的棉签，顺着睫毛生长的方向由睫毛根部往外，清除睫毛上的睫毛膏，如图 2-8 所示。

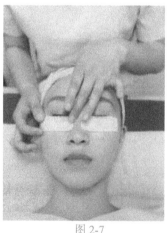

图 2-7

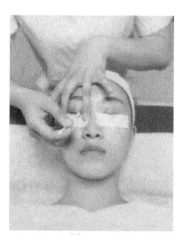

图 2-8

　　c、更换一支蘸有卸妆液的新棉签，用食指和中指将顾客上眼皮轻轻抬起，露出眼线部位，清洗上眼线，如图 2-9 所示。

　　d、将棉片拿开，用大拇指和食指将下眼皮略往下拉，用蘸有卸妆液的棉签，从内眼角往外清洗下眼线，如图 2-10 所示。

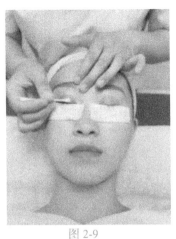

图 2-9

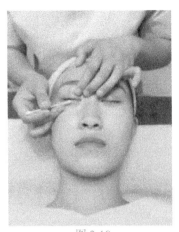

图 2-10

② 清除眼睑。

眉部彩妆。将两块蘸有卸妆液的棉片对折，分别盖住眼部、眉部，并向两边拉抹，清洁眼部和眉部。中指用力卸除上眼皮部位，食指用力卸除眉部，再反复折叠，重复以上手法，如图 2-11 所示。

③ 清除口红。

左手固定嘴角，右手将蘸有卸妆液的棉片对折后从唇部左边至右边拉抹两遍，如未干净换另一侧。操作时注意动作要轻，避免将口红弄到顾客唇周，如图 2-12 所示。

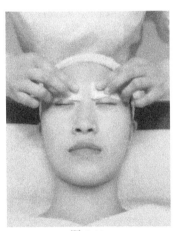

图 2-11

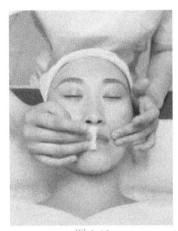

图 2-12

④ 卸面部彩妆。

用卸妆产品将小棉片浸湿，一只手固定顾客头部，另一只手准备分 6 线进行面部卸妆，动作结束后，再换另一侧，如图 2-13 所示。

第 1、2 线：以印堂穴和神庭穴为中心起点，向外分 2 线拉至太阳穴。

第 3 线：由鼻梁向外拉抹至耳门穴。

第 4 线：由迎香穴向外拉抹至听宫穴。

第 5 线：由人中穴向外拉抹至听会穴。

第 6 线：由承浆穴向外拉抹至耳后。

美容科学与应用（初级）

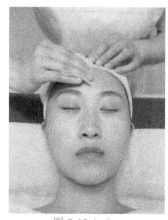
图 2-13（a）

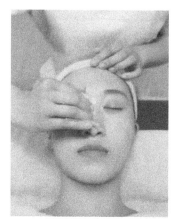
图 2-13（b）

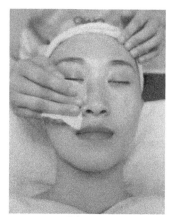
图 2-13（c）

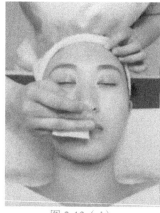
图 2-13（d）

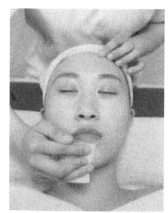
图 2-13（e）

视频 4

（2）洁面。

洁面就是利用洗面奶、洁面膏等清洁类产品及清水，去除皮肤表面的污垢。

① 洁面操作程序。

a、用右中指和无名指将洁面乳从玻璃杯中取出，放于左手掌心。

b、双手掌心交替拉抹，将洁面乳轻轻打开，如图 2-14 所示。

c、涂洁面乳动作，分为 6 线，如图 2-15 所示。

第 1 线：双掌虚合，掌根固定在额头中间，向两边轻轻拉抹至太阳穴（也可交替拉抹）。

第 2 线：双掌横位，食指和中指分开，避开眼缝隙处，以免洗面奶进入眼睛，由内眼角向外轻轻拉抹至太阳穴。

第 3 线：双掌横位，由鼻梁向外轻轻拉抹至听宫穴。

第 4 线：双掌横位，食指和中指分开，避开唇部，由口周向外轻轻拉抹至听会穴。

第 5 线：双掌横位，由颈部中间同时轻轻向两侧拉抹（也可交替拉抹）。

第 6 线：双掌横位，由锁骨向两侧拉抹至肩头，顺势经肩头转手滑至颈后。

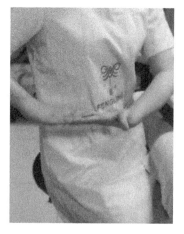
图 2-14

图 2-15（a）

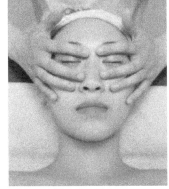

图 2-15（b）

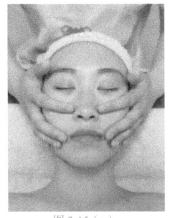

图 2-15（c）

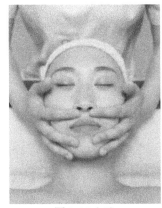

图 2-15（d）

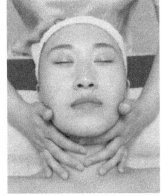

图 2-15（e）

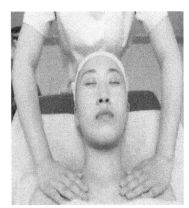

图 2-15（f）

d、洁面动作，分为 7 个部位，每个动作重复 6 遍。

额部：额部面积较大，可用双手的食指、中指、无名指、小指指腹同时进行操作，以额中心、发际为起点，由内向外分 2 行向内打圈至太阳穴，如图 2-16 所示。

眼部：双手中指和无名指指腹沿眼眶由内向外打圈，如图 2-17 所示。

鼻部：【动作 1】双手拇指交叉，用双手中指、无名指指腹以向下打小圈的动作按摩鼻翼和鼻头，如图 2-18 所示。

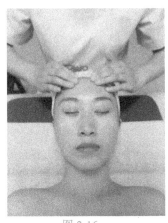

图 2-16

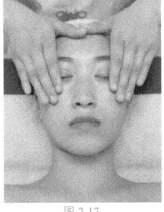

图 2-17

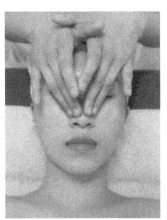

图 2-18

【动作2】双手拇指交叉，用双手中指、无名指指腹由嘴角两侧沿鼻翼向上提拉至印堂穴再返回，如此反复（上提时用力，返回时轻轻滑过），如图2-19所示。

脸颊：用双手食指、中指、无名指指腹着力，在面颊、腮部向上打大圈，如图2-20所示。

口周：双手食指和中指、无名指微微分开呈剪刀状，上下交替拉抹口周，如图2-21所示。

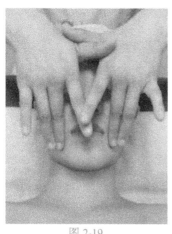 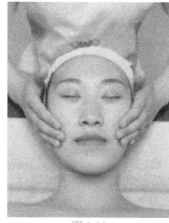 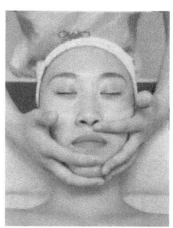

图 2-19　　　　　　　　　图 2-20　　　　　　　　　图 2-21

颈肩：【动作1】双手四指沿下颚交替向外打圈按摩颈部，如图2-22所示。

【动作2】双手掌交替向两侧拉抹锁骨，顺势包肩滑至颈后，如图2-23所示。

耳部：双手拇指在耳上，食指至小指在耳下，顺着耳部轮廓由上至下打圈，如图2-24所示。

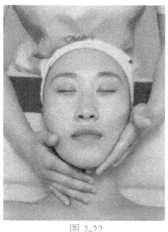 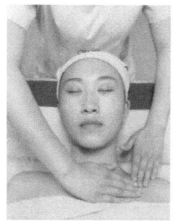 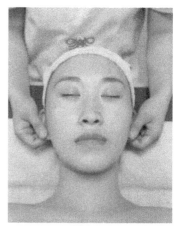

图 2-22　　　　　　　　　图 2-23　　　　　　　　　图 2-24

② 洁面注意事项。

a、根据顾客皮肤状况选择适合的产品。

b、洁面产品在皮肤表面停留的时间应控制在 2 ～ 3min。

c、避免清洁产品进入顾客的口、鼻、眼内。

d、结束后，应注意将洁面产品彻底清洗干净。

视频 5

（3）清洗。

①清洗用具。

为顾客清洗面部时，一般选用一次性洁面巾，水温适中，一般以 34 ～ 37℃为宜。

②清洗面部程序。

手拿洗面巾姿势，如图 2-25 所示。

a、清洗面部 6 条线。

第 1 线：由内眼角同时向外擦至太阳穴，双手同时进行，如图 2-26 所示。

第 2、3 线：以印堂穴和神庭穴为中心，分 2 线向外擦至太阳穴，双手同时进行，如图 2-27 所示。

第 4 线：左手固定在左侧太阳穴处，右手从鼻根侧部擦拭右侧鼻梁至鼻翼处停留固定，左手动作同右手到鼻翼处停留，双手再同时拉至听宫穴，如图 2-28 所示。

第 5 线：左手固定在左侧听宫穴处，右手以人中穴为起点向外擦至嘴角处停留固定，左手动作同右手到嘴角处停留，双手再同时拉至听会穴，如图 2-29 所示。

第 6 线：左手固定在左侧听会穴处，右手以承浆穴为起点向外擦至嘴角下方停留固定，左手动作同右手在嘴角下方停留，双手再同时拉至耳后，如图 2-30 所示。

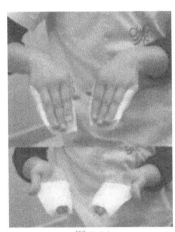
图 2-25

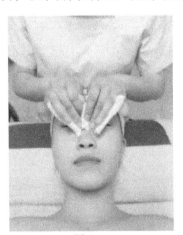
图 2-26

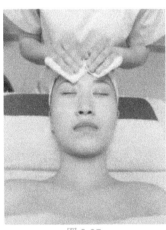
图 2-27

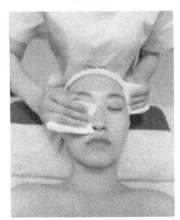
图 2-28

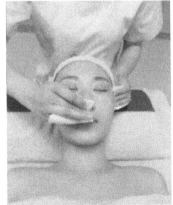
图 2-29

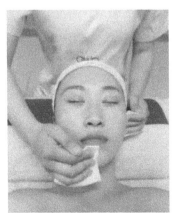
图 2-30

b、清洗颈肩 5 条线。

第 1、2 线：以颈部中间为中心，分 2 线向外交替擦至颈后侧，如图 2-31 所示。

第 3 线：双手交替向两侧擦拭锁骨至肩头，如图 2-32 所示。

第 4 线：左手固定在左侧肩头，右手从左侧锁骨下拉至右侧肩头停留固定，左手动作同右手到肩头停留，双手同时再转手包肩向上提拉至颈后，如图 2-33 所示。

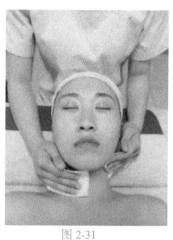 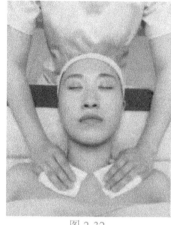 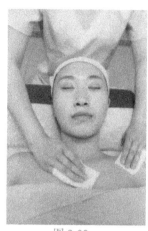

图 2-31 图 2-32 图 2-33

第 5 线：双手固定于左右侧肩头，同时向上顺颈侧拉至耳部。

c、清洗耳部，顺着整个耳部轮廓进行擦拭，如图 2-34 所示。

（4）去角质。

去角质就是使用磨砂膏或去角质膏（液）等清洁产品，借助人工方式，帮助去除堆积在皮肤表层老化或死亡的角质细胞，也称脱屑、去死皮。常用去角质的方式一般分为两类，物理性去角质和化学性去角质。

物理性去角质：是不通过任何化学手段，只使用物理的方法使表皮的角质层发生位移、脱落。例如，用磨砂膏中细小的颗粒，或去皮的苹果核、杏仁等破碎后的颗粒与皮肤的

视频 6

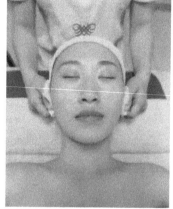

图 2-34

摩擦，使附着于皮肤表皮的死细胞脱落。此方法对皮肤刺激性较大，不方便清洗，尽量少用或不用。

化学性去角质：将含有化学成分或植物成分（如木瓜蛋白酶、果酸等）的去角质产品涂于皮肤表面，使其将附着于皮肤表层的角质细胞软化，并除去的方法。此法适用于角质偏厚或角质厚薄正常的皮肤。

① 去角质的目的及作用。

a、去除皮肤角质层的老化、死亡细胞，使毛孔畅通。

b、预防痤疮及其他皮肤问题的产生。

c、改善皮肤暗淡无光泽的状况，帮助皮肤恢复健康肤色。

d、促进皮肤血液循环，加速新陈代谢，增强皮肤的吸收和排泄功能。

② 磨砂膏的使用。

a、彻底清洁面部后，取少量磨砂膏，分别涂于前额、两颊、鼻部、口周、下颌处，均匀抹开。

b、双手中指、无名指并拢，蘸水以指腹按额部、双颊、鼻部、口周、下颌的顺序打小圈，拉抹揉擦。干性、衰老性皮肤时间要短，油性皮肤时间可略长，"T"形部位时间可稍长，眼周围皮肤不可做磨砂。整个去角质过程以 3 ～ 5min 为宜。

c、将去角质产品彻底清洗干净。

③ 去死皮膏（液）、脱屑水的使用。

a、将去死皮膏（液）或脱屑水均匀涂于面部（眼周围除外）。

b、停留片刻（停留时间注意看产品说明）。

c、将纸巾垫于面部皮肤四周。

d、一只手食指、中指将面部局部皮肤轻轻绷紧，另一只手中指无名指指腹将绷紧部位的去死皮膏（液）及软化角质细胞一同拉抹除去。拉抹的方向是从下端往上拉抹，从中间部位向两边拉抹，如图 2-35 所示。

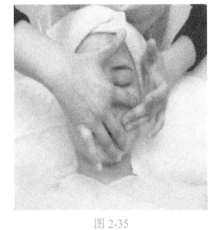

图 2-35

e、用清水将去死皮膏（液）彻底洗净。

④ 去角质的注意事项。

a、去角质前，要彻底清洁皮肤。

b、去角质要根据季节、气候、皮肤状况而定，不能过于频繁，以损伤皮肤。

c、皮肤发炎、外伤、严重痤疮、敏感性等问题皮肤不能进行去角质。

d、手法应轻柔，避开眼周皮肤。

e、去角质后应彻底清洗干净，以免影响后续护理项目的进行。

（二）爽肤

1. 爽肤的目的

清洁皮肤之后，应及时进行爽肤，主要有三个作用。

（1）再次清洁皮肤。

（2）调节皮肤的 pH 值。

（3）补充水分。

视频 7

2. 爽肤的方法

用爽肤水把小棉片浸湿，一只手固定顾客头部，另一只手拿棉片分 11 线进行单侧爽肤，动作结束后，再换另一侧。

（1）面部爽肤 6 线，如图 2-36 所示。

第 1、2 线：以印堂穴和神庭穴为中心起点，向外分 2 线拉至太阳穴。

第 3 线：由鼻梁向外拉抹至耳门穴。

第 4 线：由迎香穴向外拉抹至听宫穴。

第 5 线：由人中穴向外拉抹至听会穴。

第 6 线：由承浆穴向外拉抹至耳后。

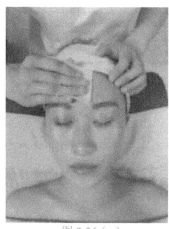
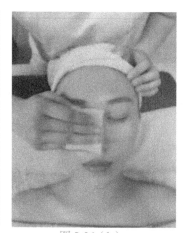
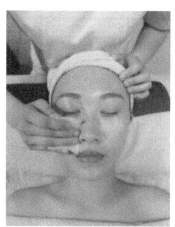

图 2-36（a）　　　　　　　图 2-36（b）　　　　　　　图 2-36（c）

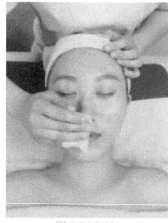
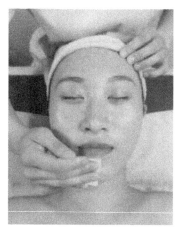

图 2-36（d）　　　　　　　图 2-36（e）

（2）颈肩爽肤 5 线，如图 2-37 所示。

第 1、2 线：以颈部中心为起点，分 2 线向外拉至颈后侧。

第 3 线：由锁骨拉至肩头。

第 4 线：由锁骨下方拉至肩头，顺势转手拉至颈后。

第 5 线：由肩头向上拉至耳部。

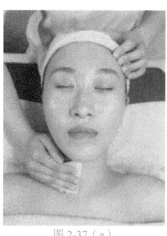
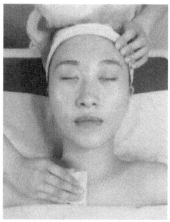

图 2-37（a）　　　　　　　图 2-37（b）

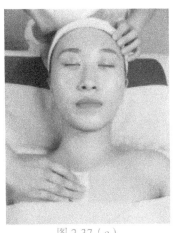
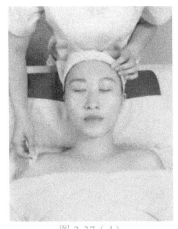

图 2-37（c）　　　　　　　　　　　图 2-37（d）

（三）面部按摩手法

面部按摩是在整个面部涂上润肤霜并施用一定的轻柔手法进行按摩，使人面部的疲劳得以恢复，面部轮廓更加清晰，面部皮肤更加光润。面部按摩要求手法要稳定，部位要准确，有节奏感，动作灵活、轻盈、柔和，力度要适中，快而有序。作为美容师，只有熟练掌握科学的按摩方法，才能在工作中帮顾客解决皮肤问题，达到满意的效果。以下的面部按摩手法共有 30 个步骤，是结合了中、西式面部按摩各自的特点总结而来的。

1. 面部按摩整套手法

以下所有单侧按摩动作，均先从顾客面部右侧开始，再做左侧。

（1）涂按摩膏，如图 2-38 所示。

动作分解：右手中指和无名指从玻璃杯里取出适量的按摩膏放于另一手心，双手掌交替在掌心拉抹开，双手掌根带动手指同时向面部两侧分 4 条线进行拉抹。

第 1 线：由承浆穴拉至听会穴。

第 2 线：由地仓穴拉至听宫穴。

第 3 线：由迎香穴拉至耳门穴。

第 4 线：由印堂穴拉至太阳穴。

视频 8

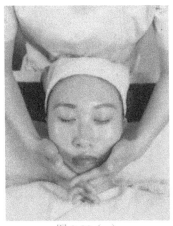
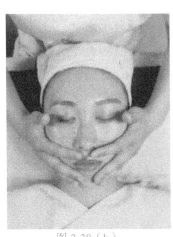

图 2-38（a）　　　　　　　　　　　图 2-38（b）

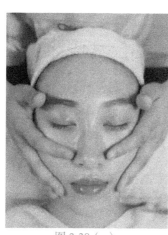

图 2-38（c）　　　　　　　　　　　图 2-38（d）

面部大安抚：双手食指至小指从太阳穴顺眉骨至印堂穴，双手中指再顺鼻部两侧轻轻下滑至下巴，如图 2-39 所示。双手食指至小指交叉，再分开拉至耳根，如图 2-40 所示。

（2）双手交替拉抹下巴至耳根，另一侧动作相同。

动作分解：左手固定于耳根处，右手食指在下巴之上，中指至小指在下巴以下，略施力向后拉至耳根固定不动，如图 2-41 所示。

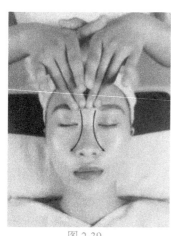
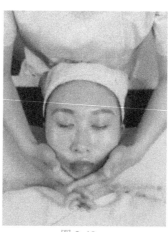
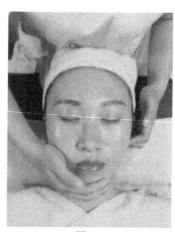

图 2-39　　　　　　　　　　图 2-40　　　　　　　　　　图 2-41

（3）双手同时做单侧提升，另一侧动作相同。

动作分解：右手掌跟紧贴于承浆穴位置，在慢慢向后移动掌指的同时，左手四指指腹先服帖于承浆穴位置紧跟其后，同时顺面部轮廓向后提拉至耳根，如图 2-42 所示。

左手固定右侧耳根处，右手掌跟放至地仓穴位置，在慢慢向后移动掌指的同时，左手食指先服帖带动掌指，同时顺面部轮廓向后提拉至听宫穴位置，如图 2-43 所示。

左手固定右侧听宫穴位置，右手掌跟服帖迎香穴位置，在慢慢向后移动掌指的同时，左手大鱼际先服帖带动掌指（食指至小指指腹放于下巴位置），同时顺脸颊向后提拉至太阳穴位置，如图 2-44 所示。

左手固定右侧太阳穴处，右手掌跟放于外眼角位置，在慢慢向后移动掌指的同时，左手中指和无名指指腹先服帖于内眼角下方，同时顺眼下方提拉至太阳穴位置，如图 2-45 所示。

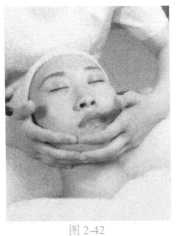

图 2-42

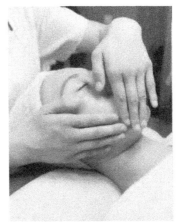

图 2-43

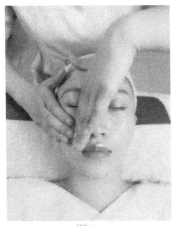

图 2-44

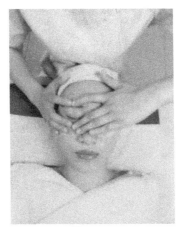

图 2-45

（4）拇指轻刮鼻梁，双掌按压额头至太阳穴，另一侧动作相同。

动作分解：右手大拇指侧放于客人鼻尖位置，向上轻滑至印堂穴位置，随之整个手掌服帖于额头上，左手掌放于右手掌上，双手同时下压 3 秒钟。在向后拉的同时双掌慢慢立起至发际线位置，双手分开顺势滑至太阳穴位置点按太阳穴，如图 2-46 所示。

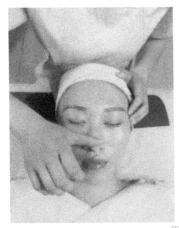

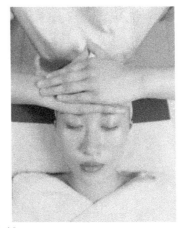

图 2-46

（5）单手提拉额头再转手提升眼部，另一侧动作相同。

动作分解：左手固定太阳穴位置，右手掌平放于额中，向上提升额头的同时，慢慢转动手腕指尖朝下（手掌在额部，四指紧贴下眼睑及脸颊皮肤），四指向上斜拉至太阳穴处点按，如图 2-47 所示。

（6）拇指轻刮鼻梁，点按穴位后滑至太阳穴，另一侧动作相同。

动作分解：左手固定左侧太阳穴，右手拇指侧由鼻尖开始向上轻滑鼻梁的同时，中指微屈和无名指同时点按迎香穴、鼻通穴、睛明穴、攒竹穴后，四指指腹顺眉骨滑至太阳穴点按，如图 2-48 所示。

（7）单手在眼部打圈，另一侧动作相同。

动作分解：左手固定左侧太阳穴，右手四指指腹由外眼角向内眼角顺着眼眶向上滑动，到太阳穴位置固定点按，如图 2-49 所示。

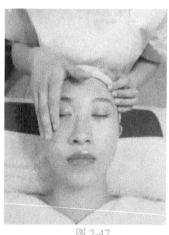
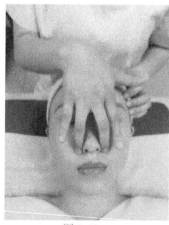
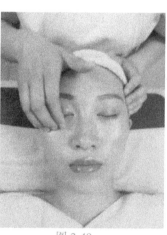

图 2-47　　　　　　　　　图 2-48　　　　　　　　　图 2-49

（8）双手同时在眼部打圈。

动作分解：双手四指指腹由外眼角向内眼角顺着眼眶向上滑动，到睛明穴位置时略用力上提，再滑至太阳穴位置固定点按，如图 2-50 所示。

（9）单手打小"∞"，另一侧动作相同。

动作分解：左手固定左侧太阳穴，右手四指指腹由右侧外眼角顺眼眶向内滑至内眼角，再滑至左侧眉头顺眉骨向外，经眼眶呈圆形再滑至眉头点按攒竹穴，顺势拉回右侧眉头顺眉骨滑至太阳穴并点按，如图 2-51 所示。

（10）单手打大"∞"字，另一侧动作相同。

动作分解：左手固定左侧太阳穴，右手四指指腹由右侧外眼角顺眼眶向内滑至内眼角，再拉至左侧眉头顺眉骨向外、向下经颧骨下顺法令纹位置呈圆形再滑至眉头点按攒竹穴，顺势拉回右侧眉头顺眉骨滑至太阳穴并点按，如图 2-52 所示。

（11）在鼻翼处打圈并点按迎香穴，提按颧骨下 3 个位置。

动作分解：双手拇指交叉，食指微屈，用中指和无名指在鼻翼处由外向内打圈并点按迎香穴，如图 2-53 所示。双手分开，用四指指腹着力提按颧骨下 3 个位置（迎香穴位置、巨髎穴位置、颧髎穴位置），如图 2-54 所示。

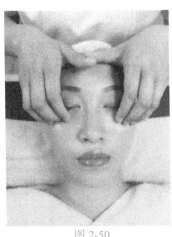 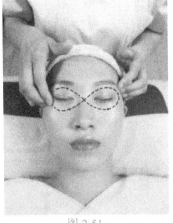 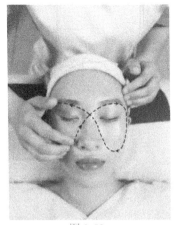

图 2-50　　　　　　　图 2-51　　　　　　　图 2-52

视频 9

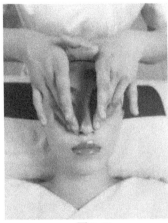 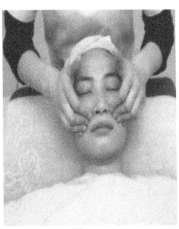

图 2-53　　　　　　　图 2-54

（12）面部 7 线排毒。

动作分解：淋巴排毒手法不必太重，要服帖、慢，特别到颈部淋巴时不可压迫客人颈部淋巴及血管，以免影响效果。双手排毒至腋下后单手先离开放于耳后，另一手再同样为下一动作做准备。

第 1 线：双手大鱼际着力从额头发际线向两侧往下拉至耳前再绕至耳后，顺颈部淋巴排至腋下，如图 2-55（a）所示。

第 2 线：双手大鱼际着力从额头中间向两侧往下拉至耳前再绕至耳后，顺颈部淋巴排至腋下，如图 2-55（b）所示。

第 3 线：双手大鱼际着力从眉上向两侧往下拉至耳前再绕至耳后，顺颈部淋巴排至腋下，如图 2-55（c）所示。

第 4 线：双手拇指着力从下眼睑内侧向外拉至太阳穴，再换大鱼际向下排至耳前再绕至耳后，顺颈部淋巴排至腋下，如图 2-56 所示。

第 5 线：双手大鱼际着力从迎香穴位置向两侧拉至耳门穴位置，再向下绕至耳后，顺颈部淋巴排至腋下，如图 2-57 所示。

第 6 线：双手食指着力于唇上，中指至小指着力于唇下，向两侧拉至听宫穴位置，再换大鱼际向下绕至耳后，顺颈部淋巴排至腋下，如图 2-58 所示。

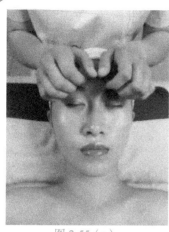
图 2-55（a）

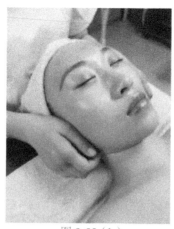
图 2-55（b）

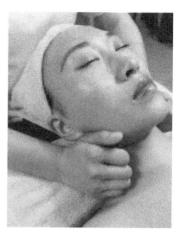
图 2-55（c）

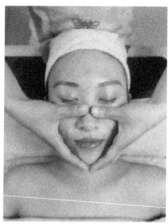
图 2-56

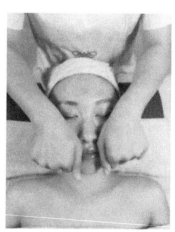
图 2-57

　　第 7 线：双手四指掌根着力从下巴中间向两侧拉至听会穴位置，再换四指向耳上绕至颈后，双手呈虎口状四指在下向上用力点抬大椎 3 下（轻轻向上点抬，慢慢放下），虎口再顺肩部滑至肩头，换大鱼际排至腋下，如图 2-59 所示。

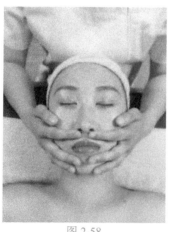
图 2-58

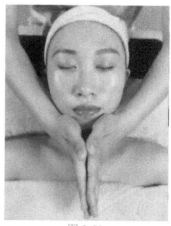
图 2-59

　　（13）单侧推抹下巴，另一侧动作相同。

动作分解：右手拇指在下颌骨上，四指在下，从右侧耳根位置向内推至承浆穴位置，再换食指在上，中指至小指在下，包住下巴拉回至耳根，如图 2-60 所示。

（14）双手拇指同时提嘴角（上提时用力要迅速）。

动作分解：双手大拇指相对从承浆穴位置同时向外拉至嘴角位置，然后用力向上提嘴角，如图 2-61 所示。

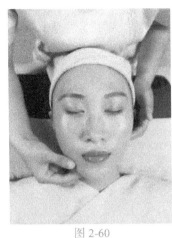 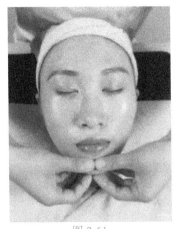

图 2-60　　　　　　　　　　　图 2-61

（15）双手拇指轻刮鼻梁，上面拉眉骨、下面拉眼睑至太阳穴。

动作分解：双手四指固定于下颌骨，拇指由鼻根处向下交替轻刮鼻梁，再由拇指重叠同时由鼻尖处向上略用力提至印堂穴位置，如图 2-62 所示。拇指分开由印堂向两侧顺眉骨拉至太阳穴位置停留 1 秒，再同时由内眼睑向外拉抹至太阳穴停留 1 秒，最后双手四指轻滑至太阳穴点按停留 3 秒，如图 2-63 所示。

（16）单侧滑眉骨点按印堂、攒竹穴，另一侧动作相同。

动作分解：左手固定太阳穴，右手中指和食指顺眉骨向上滑至印堂穴位置，向内打 3 小圈并点按穴位，再由中指和无名指分开同时点按攒竹穴后返回重复点按印堂穴，最后由四指顺眉骨滑至太阳穴位置，如图 2-64 所示。

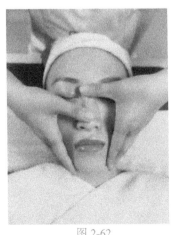 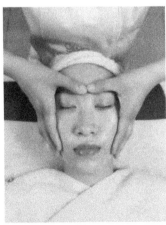 

图 2-62　　　　　　　　图 2-63　　　　　　　　图 2-64

（17）双手在眼部打 3 圈，小鱼际点按颧骨 3 个位置。

动作分解：双手拇指交叉，四指指腹着力于下眼睑内侧，由内向外顺眼部轮廓打 3 圈，再换小鱼际提按颧骨下 3 个位置（迎香穴位置、巨髎穴位置、颧髎穴位置），如图 2-65 所示。

（18）双手在眼部打 3 圈，食指点按颧骨 3 个位置。

动作分解：双手拇指交叉，四指指腹着力于下眼睑内侧，由内向外顺眼部轮廓打 3 圈，再换食指提按颧骨下 3 个位置（迎香穴位置、巨髎穴位置、颧髎穴位置），如图 2-66 所示。

（19）单手推下巴，掌根拉回，另一侧动作相同。

动作分解：左手固定耳根，右手食指在下颌骨上，中指至小指在下，由右侧耳根向内推至承浆穴位置再由掌根顺原路返回至耳根，如图 2-67 所示。

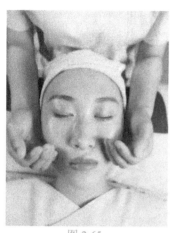 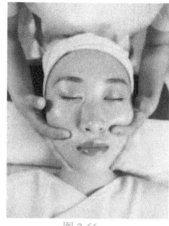 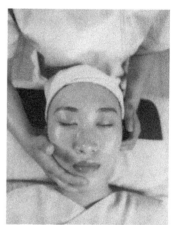

图 2-65　　　　　　　　　　图 2-66　　　　　　　　　　图 2-67

（20）单手推口周，四指拉回，另一侧动作相同。

动作分解：左手固定耳根，右手食指在上，中指至小指在下，由右侧耳根向内推至口周绕圈至下巴，最后顺下颌骨拉回至耳根，如图 2-68 所示。

（21）重复步骤（2）、（3）、（4）的动作。

（22）竖拜佛。

视频 10

动作分解：双手合十，掌根着力于印堂穴位置，缓缓向两侧分开用力拉抹，拉抹时食指在上眼睑，中指至小指在下眼睑位置，拉抹至太阳穴点按停留，如图 2-69 所示。

（23）横拜佛。

动作分解：双手合十，小鱼际着力于额头中间位置，缓缓用力向两侧分开拉抹，拉抹时手掌略弓起，避免压到眼球，拉抹至太阳穴位置点按停留，如图 2-70 所示。

（24）拇指点穴，食指至小指提按颧骨 3 个位置。

动作分解：双手食指至小指固定于下颌骨位置，拇指重叠点按承浆穴、分开点按地仓穴，再重叠点按人中穴、分开点按下髎穴，如图 2-71 所示。食指至小指向上滑至鼻翼两侧，用中指和无名指点按迎香穴，再换食指至小指提按颧骨 3 个位置（迎香穴位置、巨髎穴位置、颧髎穴位置）。

（25）双手食指至小指抬下颌骨，由下向上用力，力度由轻到重。

动作分解：双手四指着力于下颌骨两侧，分 3 个位置由外向内同时略用力向上轻抬（最后 1 个位置双手重叠向上抬起），如图 2-72 所示。

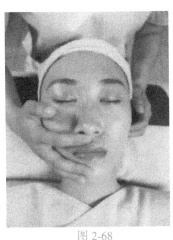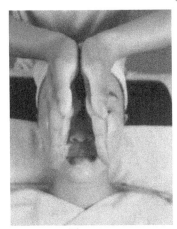

图 2-68　　　　　　　　　　图 2-69　　　　　　　　　　图 2-70

（26）点按 11 个穴位，点穴时速度一定要慢，力度均匀，位置要准确。

动作分解：双手中指和无名指同时点按迎香穴、鼻通穴、睛明穴、攒竹穴，再换大拇指点按攒竹穴、鱼腰穴、丝竹空穴、承泣穴、四白穴、球后穴、瞳子髎穴，最后再换中指和无名指点按太阳穴。

（27）双手食指至小指竖点按额头 3 条线。

动作分解：双手食指至小指指背相对，分 3 条线点按额头（攒竹延长线至发际、鱼腰穴延长线至发际、丝竹空穴延长线至发际），如图 2-73 所示。

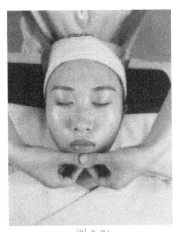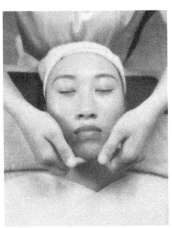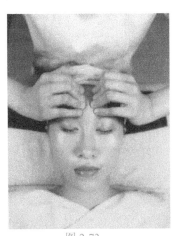

图 2-71　　　　　　　　　　图 2-72　　　　　　　　　　图 2-73

（28）双手食指至小指横点按额头 3 条线。

动作分解：双手四指横向并齐，分 3 条线点按额头（攒竹穴延长线至太阳穴、额中延长线至太阳穴、神庭穴延长线至太阳穴），如图 2-74 所示。

（29）大安抚（动作要连贯、服帖）。

动作分解：双手拇指和食指交叉，用中指和无名指从印堂穴位置向下顺鼻侧轻滑至下巴。再换食指在下颌骨上，中指至小指在下，由下巴拉至耳根位置。

（30）耳部按摩。

动作分解：双手拇指在耳上，四指在下，由上至下打圈揉至耳垂位置，再换双手食指和中指同时点按听会穴、听宫穴、耳门穴及耳后相对应穴位，如图 2-75 所示。最后用双手食指与中指扣住耳根位置上下来回搓耳根至发热，双手小鱼际轻敲耳廓数次后结束。

图 2-74

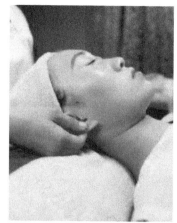
图 2-75（a）

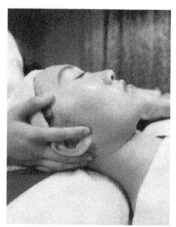
图 2-75（b）

2. 面部按摩的禁忌

（1）严重过敏性皮肤。

（2）皮肤急性炎症、皮肤外伤、严重痤疮。

（3）皮肤传染病，如扁平疣、黄水疮等。

（4）严重哮喘病的发作期。

（5）骨节肿胀、腺肿胀者。

视频 11

（四）敷面膜

根据面膜不同的成分及类型，可以对皮肤分别发挥刺激、净化、舒缓、滋润、收紧毛孔及帮助伤口复原等作用。所以，敷面膜是美容院用来清洁、保养及改善皮肤问题的重要美容手段。

1. 敷面膜所需工具

调膜碗、调膜棒、面膜粉、纯净水或成型面膜，如图 2-76 所示。

2. 美容院常用的面膜种类

成型面膜：可直接使用于面部，状态呈霜状、啫喱状、贴装等。

软膜粉：需调和后才能使用，状态呈粉状，如图 2-77 所示。

图 2-76

图 2-77

3. 敷软膜的步骤及方法

（1）调膜。

将适量的膜粉置于消毒后的调膜碗中，加入适量的纯净水（冬季可用温水），用调膜棒迅速将其调成糊状，如图 2-78 所示。调膜时间不能超过 2min。

（2）敷膜（眼周、鼻孔、口唇部位不涂面膜，适当留白，呈现出均匀的圆弧状）。

涂抹顺序为：前额→脸颊→下颌→鼻→口周。

先从额头开始，横向涂抹均匀，如图 2-79 所示。

脸颊由鼻翼往太阳穴方向涂抹均匀，下颌由承浆穴位置向两边涂抹均匀，如图 2-80 所示。

鼻部则以纵向涂抹均匀，把唇上涂抹均匀，如图 2-81 所示。

图 2-78

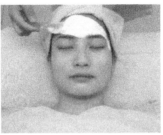

图 2-79

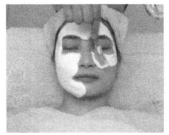

图 2-80

图 2-81

　　有些顾客在做面部护理时，尤其是做面膜时喜欢聊天或打电话，以为这样对美容效果没有影响，其实这种观念是错误的。做面部护理时，应以最佳的放松方式进入半睡眠状态，这样皮肤才能够充分吸收产品中的营养成分，若精神过度兴奋，面部肌肉一直处于不平静状态，则会使营养吸收状况大打折扣。另外，多数面膜含有塑形作用，如在做面膜时讲话，还容易造成面部皱纹的产生。

（3）卸膜。

涂膜后，等待 15 ～ 20min，然后开始卸膜。

4. 敷面膜的操作要求

（1）根据顾客的皮肤状况，选择适合的面膜。

（2）敷面膜动作要迅速、熟练、正确。

（3）敷面膜厚薄适度、均匀，膜面要光滑。

（4）敷面膜过程干净、利索，结束后周围不遗留膜粉渣。

视频 12

敷面膜通常只需 15～20min，感觉肌肤十分疲劳或者干燥的人可以多敷 5～10min，但一定不要让面膜在脸上停留时间超过 35min。因为面膜阻断了皮肤与空气的接触，不利于皮肤呼吸；营养物质也不会因为停留在脸上的时间越长就被吸收得越多，反而会使此面膜变干，反吸皮肤内的水分使皮肤变得干燥。

（五）基本保养

基本保养也称润肤。在操作时，应首先根据客人的年龄、皮肤类型及气候选择适当的护肤类化妆品。

（1）爽肤

（2）涂眼霜：取出适量眼霜，用中指和无名指在眼部打圈至吸收。

（3）涂面霜：取出适量面霜，分别放于面部 5 个位置（额头、双颊、鼻尖、下巴），用中指和无名指打圈、轻拍至吸收。

（六）结束工作

1.结束工作的目的

服务是企业的核心竞争手段，服务质量的高低，其差别就体现在对细节的要求上，而服务的结束工作往往是最容易被忽略的服务环节。按程序做好护理结束工作，其目的是培养美容师有条不紊、善始善终的良好习惯，同时也有助于保持美容院干净、整洁、有序的工作环境，给顾客留下细致周到的良好印象。

2.结束工作方法

（1）告知顾客护理流程已经结束，并询问还需要什么帮助。

（2）扶顾客起身，帮助顾客整理衣物、头发，如顾客有需要，可为顾客补妆。

（3）询问顾客对本次服务的感受，征求意见，随时改进。

（4）送顾客到前台签单、结账，直至顾客离开。

（5）返回美容房间，整理用品、用具，做好工作区域的清洁工作，如美容床、手推车、地面、垃圾桶等的清洁。

（6）清洁、消毒用品、用具。

第三节　不同类型面部皮肤护理方案

一、中性皮肤护理

（一）中性皮肤的护理方法

1.护理要点

（1）定期做深层清洁。

（2）以保湿、滋润、防晒为主。

（3）随季节变化调配适当的护肤品。

2. 护理步骤与方法

（1）清洁皮肤。

（2）平衡皮肤酸碱度。

（3）去角质（轻柔磨砂膏或脱屑膏）。

（4）按摩（10～15min）。

（5）面膜（15min）。

（6）滋润皮肤。

（二）中性皮肤对护肤品的选择

中性皮肤对护肤品的选择范围较广，重点是保湿。

（1）洁肤：选择滋润营养型洗面奶。

（2）去角质：选择细颗粒磨砂膏。

（3）爽肤：选择营养性化妆水。

（4）按摩：选择按摩乳或按摩膏均可。

（5）面膜：选择补充水分又温和的软膜。

（6）滋润：选择保湿性较强又不油腻的护肤霜。

二、干性皮肤护理

（一）干性皮肤的护理方法

1. 护理要点

（1）宜选用性质温和的洁肤产品清洁，不要频繁蒸面、去角质。

（2）保养要充分，特别注意水分的补充。

（3）定期到美容院做全套护理。

（4）营养摄入要均衡，睡眠要充足，注意日常皮肤的养护。

2. 护理步骤与方法

（1）清洁皮肤。

（2）平衡皮肤酸碱度。

（3）去角质（脱屑膏或轻柔磨砂膏）。

（4）阴阳电离子或超声波美容仪营养导入。

（5）按摩（15min）。

（6）敷面膜（15min）。

（7）滋润皮肤。

（二）干性皮肤对护肤品的选择

干性皮肤纹理细腻，毛孔不明显，皮肤缺少光泽，一般分为缺水性和缺油性两种。

1. 缺水干性皮肤

（1）洁肤：用营养型洗面奶。

（2）去角质：选择细颗粒磨砂膏或去死皮膏。

（3）爽肤：选择营养性化妆水。

（4）按摩：选择补水滋润型按摩乳。

（5）面膜：选择补充水分又温和的软膜。

2.缺油干性皮肤

（1）洁肤：选择营养型洗面奶，不宜使用香皂。

（2）去角质：选择去死皮液，避免使用磨砂膏或去死皮膏。

（3）爽肤：选择营养型化妆水。

（4）按摩：选择滋润性较强的按摩霜。

（5）面膜：选择营养型面膜。

（6）滋润：选择冷霜或润肤霜。

三、油性皮肤护理

（一）油性皮肤的护理方法

1.护理要点

（1）清洁选用弱酸性洁面产品，并用温水洗净皮肤。

（2）以保湿、深层清洁为主。

（3）饮食以清淡为主，保证睡眠充足，精神放松。

2.护理步骤与方法

（1）清洁皮肤。

（2）平衡皮肤酸碱度。

（3）去角质（轻柔磨砂膏）。

（4）真空吸嗽或针清。

（5）消炎、杀菌。

（6）高频电疗。

（7）阴阳电离子或超声波美容仪营养导入。

（8）按摩（视情况而定）。

（9）敷面膜。

（10）用收敛液。

（11）滋润。

（二）油性皮肤对护肤品的选择

油性皮肤毛孔粗大，皮脂分泌旺盛，皮肤油腻而有光泽，纹理粗糙，角质层厚，皮肤较硬。

（1）洁肤：选择收敛性强的洗面奶或美容皂。

（2）去角质：选择颗粒较粗的磨砂膏或去死皮膏。

（3）爽肤：用收敛型化妆水。

（4）按摩：选择按摩乳。

（5）面膜：选择收敛性强的叶绿素软膜或海藻面膜。

四、混合性皮肤护理

1. 护理要点

（1）面部清洁、去角质以"T"字形部位为主。

（2）其余部位以保湿、滋养为主。

2. 护理步骤与方法

（1）清洁皮肤。

（2）平衡皮肤酸碱度。

（3）去角质（重点油性部位，轻柔磨砂膏）。

（4）爽肤用滋润型化妆水。

（5）阴阳电离子或超声波美容仪营养导入。

（6）按摩（重点油性部位，10～15min）。

（7）面膜（15min）

（8）滋润。

五、痤疮皮肤护理

（一）痤疮皮肤的护理方法

1. 护理要点

（1）针对不同类型的痤疮，选择不同的治疗药物及美容手段，是治疗的重要环节。

（2）治疗原则是先治痤疮，炎症消退后，再进行祛斑、美白护理。

（3）正确使用痤疮针，痤疮针是针对痤疮进行针清时使用的一种工具。

使用方法：

① 严格消毒。

② 以近乎平行于皮肤的角度，用痤疮针尖锐的一端，从痤疮皮肤最薄的部位将痤疮轻轻刺破，不可刺到真皮层，如图 2-82 所示。

③ 将痤疮针衔有小圆环的一端对准痤疮刺破口，沿刺破口周边部位向中心处用力下压，将痤疮内包含物彻底挤压排除，每清理一个部位都要再次消毒，以免交叉感染，如图 2-83 所示。

④ 操作完毕，及时将痤疮针彻底清洗、消毒。

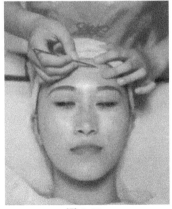
图 2-82

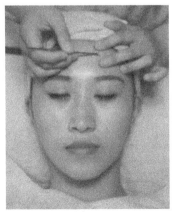
图 2-83

面部危险三角区

医学上把从口的两侧角到眼内眦（眼的内侧角）所连成的三角形区域称为危险三角区。这是因为鼻部回流的静脉无静脉瓣，当在危险三角区内发生痤疮、疖肿时，如果挤压或处理不当，细菌或病毒可能循上、下静脉，面深静脉或经鼻翼静脉丛扩散到颅内海绵窦，引起严重并发症。因此，在处理痤疮时应严格做到无菌操作。

2. 护理程序与方法

（1）清洁皮肤。

（2）痤疮不严重而又需去角质者，避开痤疮部位做局部去角质。

（3）真空吸管吸啜。

（4）针清（每次最多清理 5 ～ 6 粒）。

（5）用高频电疗仪对痤疮部位进行打点式火花治疗。

（6）导入收缩毛孔精华素。对于仅是黑头、粉刺而又无炎症或痤疮不严重者，用阴阳电离子仪或超声波美容仪，将收缩毛孔精华素、脱脂精华素导入皮肤。

（7）进行面部局部按摩（避开痤疮部位），按摩 5 ～ 10min。

（8）敷治疗痤疮的面膜或底霜。

（9）喷痤疮收缩水。

（10）在痤疮刺破伤口处涂痤疮消炎膏或痤疮收口膏。

（11）面部其他部位涂痤疮治疗霜。

3. 痤疮皮肤的日常护理

引发痤疮的主要原因是皮脂腺分泌皮脂过多，又不能及时排出，堆积于毛囊内，毛囊口处的皮脂与灰尘接触，受尘埃中的不洁微生物感染而形成痤疮。其日常防护措施如下：

（1）注意清洁：对于面部痤疮，最好每日用温水彻底清洁 2 ～ 3 次以上，以防止油脂的堆积。

（2）注意合理调节日常饮食结构：少吃甜食、油腻和辛辣的刺激性食物，注意调节消化系统功能，使大便通畅，体内的毒素能够及时排出。

（3）生活作息要有规律：不要经常熬夜，以免造成内分泌紊乱，加重感染。

（4）炎症期不能化彩妆：炎症期使用较多的彩妆化妆品易引起重复感染。

（5）不要用手指甲挤痤疮：用不洁的手指甲去挤痤疮，挤后又不做任何消毒处理，很容易造成重复感染，加重感染程度；同时，由于操作不当而损伤真皮会留下疤痕。

（二）痤疮皮肤对化妆品的选择

在护肤类化妆品的基质中添加硫磺或胶体状硫磺、过氧苯酸、雷锁辛（间苯二酚）、氯霉素、甲硝唑等成分，具有消炎杀菌、改善角化异常、抑制痤疮生长等作用。同时，可辅助用于痤疮的治疗。在对痤疮皮肤进行日常护理、选用护肤类化妆品时应注意以下几点：

（1）由于痤疮皮肤的分泌腺分泌皮脂旺盛，皮肤易出现污垢，因此，宜选用洁肤类护肤品；护肤时，宜选用护肤品中含油量较少的水质性护肤品。

（2）由于痤疮皮肤所分泌的过多皮脂粘附尘埃后，形成堆积，堵塞毛孔，使毛囊孔口扩大、发炎而形成痤疮。因此还应选用具有抑制、治疗痤疮的护肤品。

（3）痤疮皮肤严禁使用含有颗粒性成分的护肤品，因为其会加重痤疮的程度。

六、色斑皮肤护理

（一）色斑皮肤的护理方法

1.护理要点

（1）防晒：一年四季都要选用防晒护肤品。

（2）美白：选用美白系列护肤品。

（3）保湿：定期到美容院进行面部全套护理，同时要保证皮肤水分充足。

2.护理程序与方法

（1）清洁皮肤。

（2）去角质（视情况而定）。

（3）涂美白爽肤水。

（4）面部按摩。

（5）祛斑精华素（美白精华素），用超声波美容仪进行导入。

（6）涂祛斑（美白）底霜，敷祛斑面膜。

（7）涂祛斑霜。

3.日常护理

对于色斑的日常护理，主要是针对由酪氨酸酶活动而造成的活性斑，即对雀斑和黄褐斑而言。其主要防护措施如下。

（1）有效调节内分泌。

由于色斑，特别是黄褐斑的产生与内分泌失调有关，因此在日常生活中，要注意内分泌的调节。主要应做好以下几点：

①日常生活及饮食要有规律。

②保持充足、合理的睡眠。

③劳逸结合，保持愉快、良好的心境。

（2）防止紫外线的照射。

由于紫外线具有减少表皮中的硫氢基的作用，从而减弱了对酪氨酸酶的抑制，进而加速了黑色素的产生。因此在日常生活中，应尽量避免紫外线的照射，应尽量做到以下几点：

①外出涂防晒霜。

②在阳光照射较强的地区和季节出行时，应戴遮阳帽、墨镜或打遮阳伞。

③要尽量防止或避免皮炎及肌肤创伤。因为皮炎和肌肤创伤同样具有减少表皮中硫氢基的作用，进而加速了黑色素的产生。同时，由于皮肤具有顽强的再生和自我修复能力，因此当肌肤出现创伤时，黑色素细胞也同时在生长，所以我们会看到，当伤口愈合后的一段时间里伤口处呈褐色。

④多吃富含维生素C的水果、蔬菜。因为维生素C具有良好的美白作用，所以在日

常生活中，应多吃一些富含维生素 C 的水果、蔬菜，尤其是妊娠期的妇女。

⑤ 正确、合理地选用化妆品。有些彩妆化妆品中，含有少量超标的重金属，长期使用会造成皮肤表层黑色素的沉着、堆积，因此，在选用彩妆化妆品时，应注意最好不要长期化妆过浓、过厚，禁用劣质化妆品。

（二）色斑皮肤化妆品的选择

（1）阻碍黑色素细胞分泌黑色素，是祛斑、增白的途径之一。早期的祛斑、增白化妆品中所添加的主要成分是氢醌和汞（水银）。但是氢醌会造成黑色素细胞失去分泌黑色素的功能；而汞的见效期长，易出现中毒现象。因此，化妆品中已基本不用汞剂和氢醌作为祛斑的增白剂。目前，效果比较好的祛斑增白添加剂有熊果苷、曲酸、抗坏血酸及其衍生物、超氧化物歧化酶、半胱氨酸、维生素 C 等。

（2）阻止紫外线对皮肤的直接照射，是祛斑增白的有效途径之一。防紫外线照射的常见化妆品有防晒霜、防晒蜜、防晒油等防晒系列用品，它们的主要成分是无机粉体，如二氧化钛、滑石粉、氧化锌等。据有关实验证明，有些配方的防晒用品，对紫外线的遮挡率高达 80% 以上。

七、衰老性皮肤护理

（一）衰老性皮肤的护理方法

1. 护理要点

（1）保湿：选用补水系列护肤品，如芦荟、透明质酸、天然保湿因子等成分的护肤品。

（2）防晒：紫外线是导致皮肤衰老的"头号杀手"，所以一年四季都要涂防晒霜。

（3）抗氧化：选用含抗氧化成分的护肤品，如含有超氧化物歧化酶（SOD）、维生素 E、维生素 C 等成分的护肤品。

（4）保持乐观、向上的心态，多吃碱性食物，保证充足睡眠。

2. 护理程序与方法

（1）清洁皮肤。

（2）使用去死皮膏（水）进行去角质。

（3）拍打滋润液。

（4）根据不同部位的状况，有重点地进行按摩，每次 15 ～ 20min。

（5）用阴阳电离子仪或超声波将抗衰老精华素导入皮肤。

（6）敷营养面膜。

（7）涂营养面霜。

3. 日常护理

衰老是一个不可抵御的自然规律，任何人或早或晚终究会走向衰老。但如果及早注意加强皮肤的护理，特别是日常护理，就可以推迟、延缓人的肌肤衰老过程。因此在日常生活中我们应注意以下几点：

（1）加强身体锻炼，保证身体健康，使之保持良好的新陈代谢机能。

（2）保持合理、健康、均衡的饮食结构。

（3）保持生活环境的空气清新，注意肌肤的保暖，防风沙，防日晒。

（4）劳逸结合，保持乐观的心态和良好的睡眠。

（5）不长时间在光线昏暗的环境中工作、学习。

（6）合理、正确地选用化妆品、护肤用品。

（7）注意日常保湿，使皮肤保持滋润。

（8）不吸烟、少饮酒。

（二）衰老性皮肤化妆品的选择

1. 肌肤的保湿

随着年龄的增长，汗腺、皮脂腺等器官组织机能的减退，汗液和皮脂的分泌开始减少甚至消失，皮肤首先出现的现象就是干燥，随之而来的就是皮肤变厚、变硬，失去光泽和弹性，出现皱纹，甚至出现色素沉着等现象。因此，应注意选用含有保湿成分的护肤品。在保湿护肤类化妆品中，常用的保湿成分有透明质酸、可溶性胶原蛋白、果酸、维生素 E、尿素等。

2. 减除自由基

当人进入中年以后，皮肤组织中氧自由基的含量会逐年增加。过量的氧自由基会损伤表皮、伤害真皮纤维，损害皮脂腺和汗腺组织细胞中的细胞核，从而造成皮肤正常解剖结构的破坏，影响皮肤对营养物质的摄取。当皮肤细胞营养不良的时候，它的功能就会衰退，从而引起皮肤老化。因此，应注意选用具有减少或清除氧自由基的护肤品。在护肤品成分中，超氧化物歧化酶（SOD）、维生素 E、赖氨酸有机锗（AGO）、烟酸（维生素 PP）、金属硫蛋白（MT）、谷胱甘肽过氢化酶（CSHP）等，均具有明显地减少、清除皮肤组织中的自由基、阻断自由基对皮肤的损伤的功能，从而起到延缓皮肤衰老的作用。

3. 补充活性物质

人到中年，皮肤组织的细胞和其他脏器的细胞一样，会由于生理活性物质的减少，导致细胞从机能到结构均出现不同程度的衰退，因此有必要补充生理活性物质，如表皮生长因子（EGF）、脱氧核糖核酸（DNA）、核糖核酸（RNA），必须的氨基酸、激素、生物碱、维生素，以及作为辅酶的各种微量元素等。也可选用一些含有活性成分的纯天然营养性化妆品，如灵芝霜、珍珠霜、鹿茸霜、当归霜、人参霜等。

八、敏感性皮肤护理

（一）敏感性皮肤的护理方法

1. 护理要点

（1）避免一切热、酒精、电流、摩擦等不良刺激。

（2）选用无香精、无色素的单一产品，避免频繁更换护肤品。

（3）减少使用化妆品的时间，注意日常皮肤的养护。

2. 护理程序与方法

（1）清洁面部。

（2）视皮肤情况而定，用软化皮肤膏去角质（禁用磨砂膏）。

（3）涂防敏爽肤水。

（4）用超声波美容仪导入精华素。

（5）中式面部穴位按摩，避免大面积揉按面部皮肤。

（6）涂抹防敏面膜。

（7）涂防敏型营养霜。

3. 日常护理

（1）避免接触可能引起过敏的物质。

（2）注意皮肤保养，避免干燥和风吹日晒。

（3）注重健康、合理的饮食结构和充足的睡眠。

（4）慎重选择护肤品，避免滥用护肤品。

（二）敏感性皮肤化妆品的选择

　　敏感性皮肤往往对很多护肤品都有反应，尤其对一些药物性护肤品反应更明显。因此，最好选用含有天然成分的护肤产品，不宜使用药物类护肤品，也不宜使用含有动物蛋白的面膜和营养霜。敏感性皮肤在选用一种未使用过的护肤品之前，一定要在手腕内侧少量擦拭，如24小时后无过敏反应，方可使用。一般情况下，不要频繁更换护肤品，更不宜使用修饰类美容化妆品，尽量选用不含香料、不刺激的护肤产品。

　　当出现过敏反应时，应停掉所有正在使用的护肤产品。过敏期间，不要使用香皂，不能使用热水洗脸。如果皮肤发痒而未见水疱，可以用茶叶水湿敷患处，茶叶中的鞣酸有收敛作用，可以止痒，再涂一些药膏进行治疗；如果皮肤患处出现水疱，最好去皮肤专科就诊。若无条件就诊，可以用2%的硼酸水湿敷患处，再涂用药膏，口服抗过敏药，如扑尔敏、维生素C等。

第三章　身体皮肤护理

本章学习目标

1. 了解身体护理的基本流程
2. 掌握身体养生按摩手法
3. 掌握美容按摩的基本原则、要求与禁忌

第一节　身体皮肤护理流程及方法概述

一、身体皮肤护理的含义

身体皮肤护理是指通过清洁、去角质、按摩、敷体膜等美容手段来刺激身体皮肤的血液循环，增强其新陈代谢功能，从而使肌肤获得水分及养分，增加其光泽度和弹性，以改善全身各部位肌肤的干燥、皱纹、松弛、老化等症状，还能延缓衰老，保持健康美丽的状态。身体皮肤护理根据不同的部位细分为背部护理、腿部护理、腹部护理、手部护理，以及肩、颈部护理等。

二、身体皮肤护理基本流程

1. 身体护理准备工作

美容床、毛巾、头套、仪器（视情况而定）、产品（身体磨砂膏、按摩膏或芳香精油、体膜、护体霜或护体乳等）及小推车等。

2. 护理程序

（1）沐浴清洁（淋浴或泡浴）。通过热水效应，打开毛孔，不仅能去除身体上的污垢，还能放松、舒缓神经，消除疲劳。中性肌肤的顾客宜使用中性沐浴用品；干性肌肤的顾客宜使用中性或弱碱性的沐浴用品；油性肌肤的顾客宜使用碱性稍强的沐浴用品。

（2）去角质。

（3）涂抹按摩膏或芳香精油进行按摩。

（4）根据不同的部位需求可选择使用美体仪器。

（5）敷体膜。

（6）涂抹护体霜（乳）。

3. 身体皮肤护理的注意事项

（1）做身体护理之前，要把所有用品准备充分。

（2）根据顾客各部位肌肤的特点制定适合的护理方案。

（3）根据顾客身体不同部位的特征及需求，合理地调整适宜的按摩手法及力度。

（4）按摩力度应由轻到重，再由重到轻，不可使用爆发力。

（5）注意配合顾客的呼吸做按摩，使动作与呼吸保持协调。

（6）操作过程中要及时和顾客沟通，观察顾客的反应，如有不适应及时改变调整。

（7）按摩完一个部位后，要立即为顾客盖上毛巾或被子。

（8）护理过程中不能随意离开顾客，如有特殊情况，可向顾客说明。

第二节　身体养生按摩手法

由于现代社会生活节奏比较快，人们来自于工作和家庭的压力都比较大，再加上环境的污染和食品安全的问题，导致很多人都处于不同程度的亚健康状态。身体养生按摩就是通过专业的按摩手法，在人体的适当部位进行操作，所产生的刺激信息会通过反射的方式对人体体内环境进行调整，从而能够使脏器功能得以改进，提高机体的新陈代谢，促进血液循环，增强体质，增加肢体的灵活性，起到改善人体亚健康、预防疾病的作用。

一、背部养生按摩手法

步骤 1：展油、大安抚、放松背部（美容师站立于顾客头部正前方位置，取适量按摩油或按摩膏放于掌心，双手掌轻轻交替拉抹打开）。

动作分解：

展油：双手竖掌分别放于肩井穴位置，顺两侧膀胱经由上至下以"蜻蜓点水"方式把油展开至肾俞穴位置，再拉回至肩井穴，如图 3-1 所示。以掌根着力于肩井穴位置，略用力倒滑肩胛骨 3 圈（由外向内打圈），如图 3-2 所示。

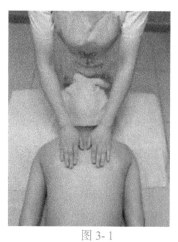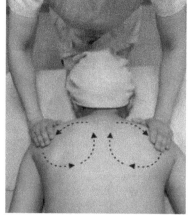

图 3-1　　　　　　　　　　图 3-2　　　　　　　　　　视频 13

大安抚：双手竖掌分别放于肩井穴位置，顺两侧膀胱经由内向外分 3 段画扇形至腰部两侧，如图 3-3 所示。再由双手横掌四指相对，提腰部 3 下（双手呈虎口状，上提时食指至小指略用力），如图 3-4 所示。双竖掌顺两侧膀胱经拉回至肩井穴位置，倒滑肩胛骨三圈。

放松背部：双手横掌食指至小指略用力顺背部膀胱经上端向下推至肾俞穴位置，如图 3-5 所示。提腰 3 下再由竖掌拉回至肩井穴位置，倒滑肩胛骨 3 圈，再滑至大臂虎口包肩拉回至颈后风池、风府穴位置轻轻点按，如图 3-6 所示。

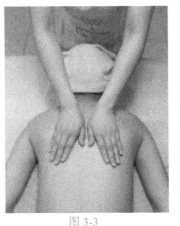 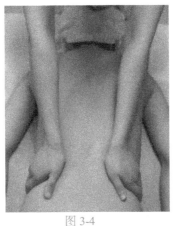 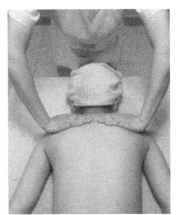

图 3-3 　　　　　　　　　　图 3-4 　　　　　　　　　　图 3-5

 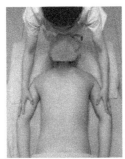 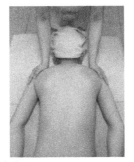 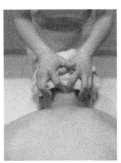

图 3-6

步骤 2：揉捏颈部膀胱经，拇指交替推颈椎、肩部斜方肌（美容师站立于顾客左侧位置）。

动作分解：

单手揉捏颈部膀胱经：美容师左手放于背后，右手呈虎口状放于顾客颈后，由下至上有节奏地揉捏颈部膀胱经至风池、风府穴轻轻点按，如图 3-7 所示。此动作重复 3 遍。

拇指交替推颈椎：双手拇指交替从大椎穴由下至上顺颈椎推至风府穴并点按，如图 3-8 所示。此动作重复 3 遍。

拇指交替推肩部斜方肌：双手拇指交替推肩部斜方肌至风池穴并点按，如图 3-9 所示，此动作重复 3 遍。转身至顾客右侧重复动作。

转身至顾客头部正前方位置做大安抚动作。

步骤 3：拇指推肩部斜方肌、虎口捏斜方肌（美容师站立于顾客头部正前方位置）。

动作分解：

拇指推肩部斜方肌：右手放于背后侧，左手拇指从顾客左侧风池穴顺颈侧下推至肩部斜方肌并略用力推动，如图 3-10 所示，此动作重复 6 遍。换手另一侧动作相同。

虎口揉捏斜方肌：双手呈虎口状（四指在上，拇指在下）同时由下至上揉捏斜方肌，如图 3-11 所示。此动作重复 6 遍。

做大安抚动作。

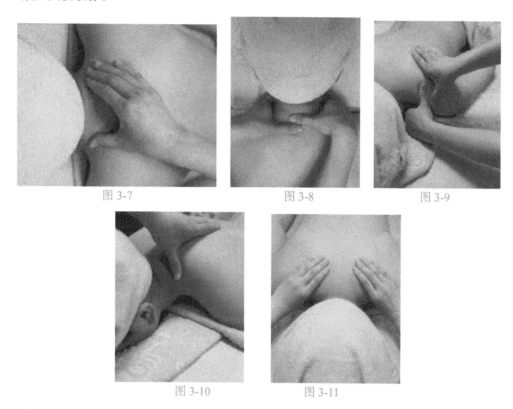

图 3-7　　　　　　　　　图 3-8　　　　　　　　　图 3-9

图 3-10　　　　　　　　　图 3-11

步骤 4：虎口推肩胛骨（美容师站立于顾客头部正前方位置）。

动作分解：

虎口倒滑肩胛骨：双手呈虎口状并排放于右侧肩胛骨位置，由拇指带动虎口倒滑肩胛骨 6 圈（由外向内画圈，肩部斜方肌位置略用力），如图 3-12 所示，换手另一侧动作相同。

虎口交替倒推肩胛骨缝：双手虎口交替倒推右侧肩胛骨缝（由下至上），如图 3-13 所示，此动作重复 6 遍，换手另一侧动作相同。做大安抚动作。

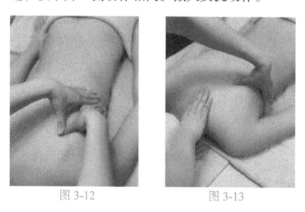

图 3-12　　　　　　　　　图 3-13

步骤 5：拇指交替推膀胱经，拨、推肩部斜方肌。

动作分解：

拇指交替推膀胱经：美容师站立于顾客头部正前方位置，双手大拇指着力于右侧肩井穴位置，交替由上至下顺右侧膀胱经推至尾椎侧（每次向下移动 3 寸距离），如图 3-14

所示。返回时，双手竖掌以交替打扇形的方式返回至肩胛骨位置，如图 3-15 所示。

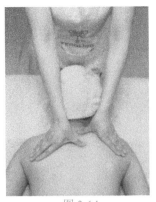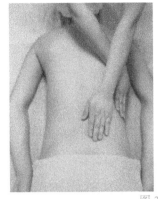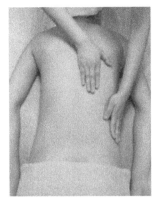

图 3-14　　　　　　　　　　　图 3-15

双手重叠拨、推肩部斜方肌：美容师站立于顾客左侧前方位置，双手重叠拨、推右侧肩部斜方肌 6 遍（食指至小指往下用力拨，拇指往外用力推），如图 3-16 所示，再交替推至大臂，然后重叠顺小臂内侧推至顾客指尖排出，如图 3-17 所示。

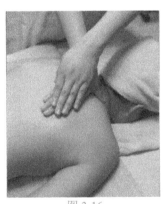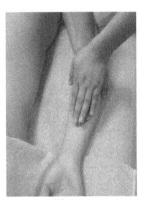

图 3-16　　　　　　　　　图 3-17

步骤 6：推膀胱经，揉捏斜方肌（美容师站立于顾客左侧位置）。

动作分解：

推膀胱经、揉捏斜方肌：双手大拇指同时着力于尾椎骨两侧，顺两侧膀胱经由下至上略用力推至肩井穴位置，再由双手虎口（拇指在上四指在下）同时揉捏肩部斜方肌 6 次，如图 3-18 所示，再由双竖掌顺膀胱经拉回至腰部。

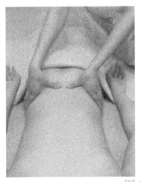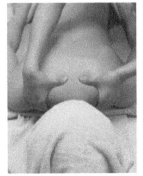

图 3-18

步骤 7：推督脉，拉斜方肌（美容师站立于顾客左侧位置）。

动作分解：

推督脉，拉斜方肌：双手重叠掌根着力于尾椎位置，顺督脉略用力由下至上推至右侧肩斜方肌位置，双手交替拉抹斜方肌 6 次，如图 3-19 所示，双手重叠再顺原路轻轻拉回，换左侧动作相同。

步骤 8：点按膀胱经、滑肩胛骨排至手指。

动作分解：

食指至小指点按膀胱经：美容师站立于顾客左侧，双手交替食指至小指指腹点按顾客背部右侧膀胱经再轻推至背侧，如图 3-20 所示，由下至上交替推至肩部斜方肌位置。

滑肩胛骨：美容师站立于顾客左侧，双手重叠（右手在下左手在上），食指至小指带动手掌略用力向上滑肩胛骨 6 圈（由外向内打圈），如图 3-21 所示。

排毒：美容师转至客人右前方位置，双手掌交替推大臂，至小臂双手重叠推至指尖。

 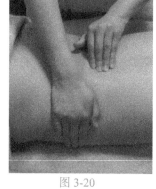

图 3-19　　　　　　　　　　　图 3-20

步骤 9：结束动作。

动作分解：

美容师站立于顾客左侧位置，双手竖掌同时由肾俞穴位置顺两侧膀胱经向上推至肩井穴位置。

转身至顾客正前方位置，双手竖掌同时由上至下来回搓热脊柱两侧膀胱经（由慢到快），再换双手重叠搓热督脉结束，如图 3-22 所示。

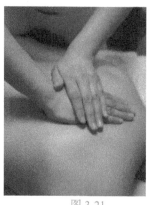 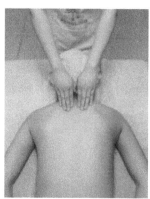

图 3-21　　　　　　　　　　　图 3-22

二、腿部养生按摩手法

（一）腿部反面动作

步骤 1：展油、大安抚（取适量按摩油放于掌心，双手掌轻轻交替拉抹打开）。

动作分解：

展油：双手竖掌由大腿根部向脚腕处以"蜻蜓点水"方式把按摩油（膏）展开，如图 3-23 所示。

大安抚：双手横掌并排由脚腕处向上推至大腿根部，再转手（四指在下拇指在上）包腿拉回至脚尖，如图 3-24 所示。

视频 14

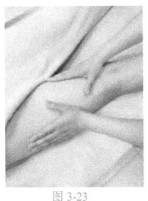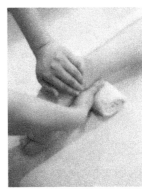

图 3-23　　　　　　　　　　　图 3-24

步骤 2：脚部动作。

动作分解：

推跟腱：双手四指固定脚腕，拇指交替推跟腱 6 次，如图 3-25 所示。

推脚踝：一手固定脚后跟部，另一手拇指先推内侧脚踝上下 6 次，再换手推外侧脚踝上下 6 次，如图 3-26 所示。

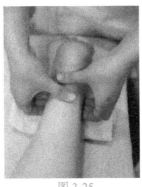

图 3-25　　　　　　　　　　　图 3-26

点按脚掌中央：双手四指固定住脚背，大拇指重叠从脚后跟部由上至下点按脚掌中线至脚趾根部，如图 3-27 所示。

拳推掌拉脚掌：一手固定脚踝，另一手半握拳用指关节面从脚跟推至脚趾根部，再用掌心拉回至脚后跟位置，如图 3-28 所示，此动作重复 6 遍。

做大安抚动作。

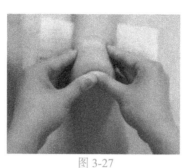
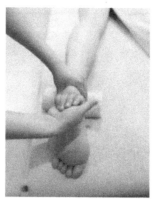

图 3-27   图 3-28

步骤3：推小腿、大腿经络（推经络时，动作要缓慢、渗透，力度适中）。

动作分解：

推腿部膀胱经：双手大拇指并排由跟腱处顺腿部膀胱经向上推至腘窝处位置，如图3-29所示，再由腘窝处包腿（双手四指在下，拇指在上）拉回至跟腱处。

一手固定脚踝，另一手拇指由脚腕处顺肾经上推至腘窝处位置，单手竖掌顺原路返回至脚腕，如图3-30所示，做小腿大安抚动作（脚腕至腘窝处）。动作相同依次推肝经、脾经、胆经。

大安抚动作（安抚拉回至腘窝处停止）。

推大腿经络，动作与小腿相同，如图3-31所示（腘窝至大腿根部）。

做大安抚动作。

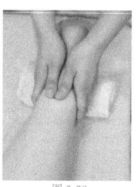
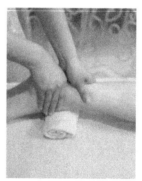

图 3-29   图 3-30

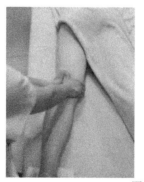

图 3-31

步骤 4："划船"动作。

动作分解：

划船：双手十指相扣，掌根着力于两侧脚踝上方位置，由手腕用力向上提、划腿部两侧肌肉至大腿根部，如图 3-32 所示，再包腿拉回至脚踝处。

大安抚动作。

步骤 5：点按膀胱经（力度由轻到重，再由重到轻）。

动作分解：

双手掌根并排由跟腱处向上点按至大腿根部，如图 3-33 所示，再包腿拉回至脚踝处。

大安抚动作。

步骤 6：拳推掌拉腿部（由于腿部面积较大，可先中间、后两侧的方式向上移动）。

动作分解：

双手半握拳关节面着力于两侧脚踝上方，以拳推掌拉的方式阶梯式向上移至大腿根部（指关节面向上推，掌心拉回），先中间后两侧，如图 3-34 所示，再包腿拉回至脚踝处。

大安抚动作。

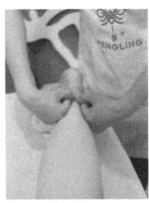

图 3-32   图 3-33   图 3-34

步骤 7："扭麻花"动作。

动作分解：

双手掌一内一外包住两侧脚踝上方位置，同时相对交错用力，如"扭麻花"状至大腿根部，如图 3-35 所示，再以相同动作顺原路返回脚踝位置。

大安抚动作。

步骤 8：揉拨小腿、大腿经络（揉拨经络时，动作要缓慢、渗透，力度适中）。

动作分解：

同步骤 3，推经络变为揉拨经络即可，如图 3-36 所示。

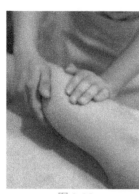 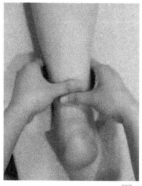 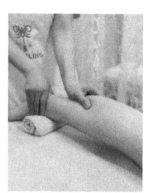

图 3-35　　　　　　　　　　　图 3-36

（二）腿部正面动作

步骤 1：展油、大安抚，同反面腿部动作相同（大腿至脚踝）。

步骤 2：脚部动作。

动作分解：

推肌腱：双手四指固定脚腕处，拇指交替推肌腱 6 次，如图 3-37 所示。

视频 15

推脚踝：一手固定脚背，另一手拇指先推内侧脚踝上下 6 次，再换手推外侧脚踝上下 6 次，如图 3-38 所示。

拉脚背：双手四指在下，拇指在上，拇指略用力拉脚背指缝，先两边后中间，如图 3-39 所示，此动作重复 3 次。

拉脚掌中线：双手四指在下，拇指在上，四指略用力拉脚底中线（由脚跟到脚尖）3 遍，如图 3-40 所示。

大安抚动作。

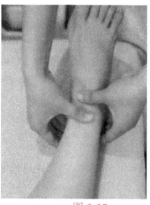 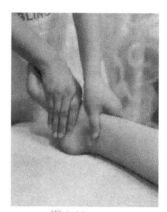

图 3-37　　　　　　　　　　　图 3-38

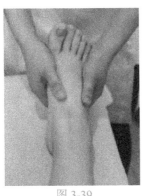 

图 3-39   图 3-40

步骤 3：推小、大腿经络（均为单手推）。

动作分解：

同反面腿部动作，把所推经络依次改为胃经、脾经、肝经、肾经、胆经即可，如图 3-41 所示。

 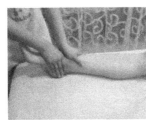 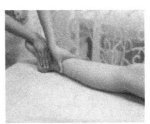

足阳明胃经   足太阴脾经   足厥阴肝经

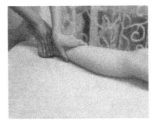 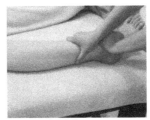

足少阴肾经   足少阳胆经

图 3-41

步骤 4："划船"动作（与反面腿部动作相同），如图 3-42 所示。

步骤 5：点按胃经（与反面腿部动作相同，把用掌根点按变为双手拇指相对点按胃经即可），如图 3-43 所示。

步骤 6：拳推掌拉腿部（与反面腿部动作相同），如图 3-44 所示。

步骤 7："扭麻花"动作（与反面腿部动作相同），如图 3-45 所示。

步骤 8：揉拨小腿、大腿经络。

动作分解：

同步骤 3，推经络变为揉拨经络即可，如图 3-46 所示。

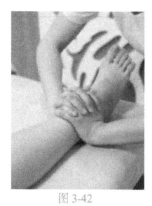
图 3-42

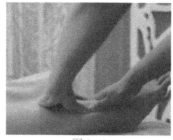
图 3-43

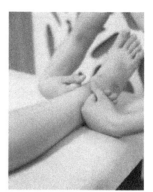
图 3-44

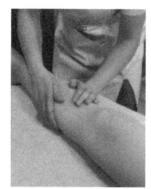
图 3-45

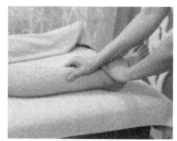
图 3-46

三、腹部养生按摩手法

步骤 1：展油、大安抚（取适量按摩油放于掌心，双手掌轻轻交替拉抹打开）。

动作分解：

展油：双手掌在腹部如"打太极"般将按摩油均匀在腹部展开，正反各 7 圈（正：右手半圈，左手整圈。反：左手半圈，右手整圈），如图 3-47 所示。

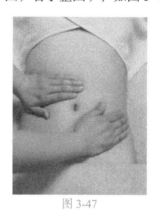
图 3-47

视频 16

步骤 2：点穴（力度由轻到重，再由重到轻）。

动作分解：

点穴：双手拇指同时点按天枢穴（肚脐旁开 2 寸）、下脘穴（肚脐中上 2 寸）和气海穴（肚脐中下 1.5 寸）、中脘穴（肚脐中上 4 寸）和关元穴（肚脐中下 3 寸）、府舍穴（中极穴旁开 4 寸），如图 3-48 所示。

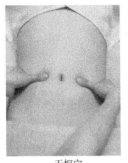 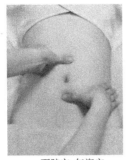 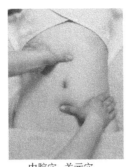 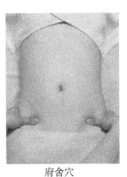

天枢穴　　　　　　下脘穴 气海穴　　　　　中脘穴 关元穴　　　　　府舍穴

图 3-48

步骤 3：推中极穴至肚脐，抬腰部。

动作分解：

推中极穴至肚脐，抬腰部：双手拇指相对从中极穴（肚脐中下 4 寸）向上推至肚脐，再顺两侧滑至腰部后侧四指相对，如图 3-49 所示，四指缓缓用力向上抬腰部再缓缓放下，再由掌根带动四指顺腰侧拉至腹股沟位置，如图 3-50 所示，此动作重复 3 次。

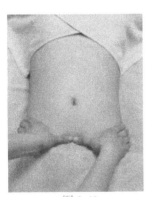 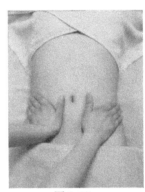

图 3-49　　　　　　　图 3-50

步骤 4：推上脘穴至中极穴。

动作分解：

双手掌重叠，四指指腹着力于上脘穴位置，由指腹带动掌指向下推至中极穴位置，再顺势拉回至上脘穴，如图 3-51 所示，此动作重复 3 遍。

步骤 5：推胃经。

动作分解：

双手半握拳由两侧横膈膜处顺胃经推至髋骨，再由双手掌心拉回，如图 3-52 所示，此动作 3 遍。

步骤 6：大安抚，暖宫。

动作分解：

大安抚：此动作与步骤 1 相同。

暖宫：双手掌用力搓热后放于小腹中、两侧位置暖宫，如图 3-53 所示，停留 3 秒，此动作重复3遍。

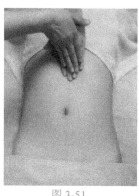
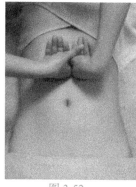
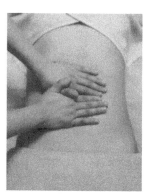

图 3-51 图 3-52 图 3-53

四、手臂养生按摩手法

步骤1：展油、大安抚（取适量按摩油或按摩膏放于掌心，双手掌轻轻交替拉抹打开）。

动作分解：

展油：双手掌由肩头向下以"蜻蜓点水"方式展油至手腕位置，如图 3-54 所示。

大安抚：双手横掌并排由外侧手腕处向上推至肩头，转手（四指在下，拇指在上）包手臂拉回至手指，如图 3-55 所示，再把顾客手臂轻轻转至内侧朝上，以相同的动作做大安抚。

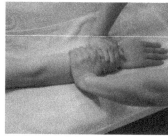

图 3-54 图 3-55

视频 17

步骤2：由下至上推经络。

动作分解：

推经络：一手固定手腕，另一手大拇指依次由下至上推手臂外侧经络，顺序为小肠经、三焦经、大肠经，如图 3-56 所示，再用同样方法推手臂内侧经络，顺序为心经、心包经、肺经，如图 3-57 所示。

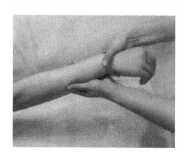

图 3-56

图 3-57

步骤 3：由下至上同时揉经络。

动作分解：

揉经络：一手固定手腕，另一手呈虎口状，由下至上同时分别推揉肺经和大肠经至大臂根部，顺势拉回至手腕，如图 3-58 所示，同样动作依次揉三焦经和心包经，从及心经和小肠经。

大安抚动作。

步骤 4：手臂内侧充血。

动作分解：

手臂内侧充血：双手掌从内侧手腕处交替由下至上推至肩头位置，双手重叠掌根按压肩头停留 3 秒，如图 3-59 所示，转手包手臂拉回至手腕。

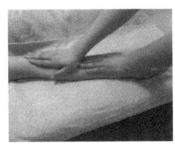

图 3-58　　　　　　　　　　　　图 3-59

步骤 5：手部动作。

动作分解：

分抹手背：双手拇指带动大鱼际同时分抹手背，食指至小指固定于手掌心处，如图 3-60 所示，此动作重复 3～5 遍。

双手拇指拉掌指关节缝：双手食指至小指固定于掌心处，双手大拇指同时拉顾客掌指关节缝，先同时拉小指和无名指之间关节缝与大拇指和食指之间的关节缝，再同时拉无名指和中指之间的关节缝与中指和食指之间的关节缝；此动作重复 3 遍，如图 3-61 所示。

单手拇指拉掌指关节缝：一手固定住手腕，另一手分别拉 4 条掌指关节缝，每条掌指关节缝拉 3 遍（拇指至小指）。

揉指关节：一手固定住手腕，另一手揉动五指的指关节（拇指至小指），此动作重复3遍。

点按手掌至指尖：双手大拇指同时从掌根分别向上点按大拇指和小拇指至指尖位置，同样动作再点按食指和无名指，最后双手大拇指重叠点按中指，如图3-62所示。

交替推手掌心：双手四指固定手背，大拇指交替推手掌心5至10次，如图3-63所示。

推手掌至指尖：双手大拇指同时点按掌根后分别向上推大拇指和小拇指至指尖，同样动作依次推食指和无名指、大拇指和中指，如图3-64所示。

摩擦掌根、扣手腕：一手固定手腕，另一手与顾客十指相扣，掌根左右摩擦至发热，掌根上下来回相扣数下，如图3-65所示。

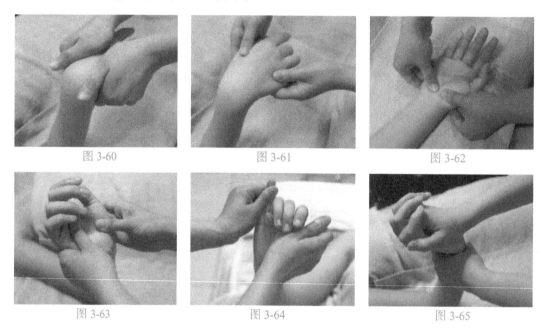

图 3-60　　　　　　　图 3-61　　　　　　　图 3-62

图 3-63　　　　　　　图 3-64　　　　　　　图 3-65

步骤6：放松手臂。

动作分解：

放松手臂：和顾客呈握手状，左右轻甩手臂放松结束，图3-66所示。

五、肩、颈养生按摩手法

步骤1：展油、大安抚（取适量按摩油放于掌心，双手掌轻轻交替拉抹打开）。

动作分解：

视频 18

图 3-66

大安抚：双手横掌在胸大肌处交替拉抹至肩头位置各5次，如图3-67所示，再同时包大臂（拇指在上，食指至小指在下）四指略用力顺斜方肌、颈椎两侧上拉至风池、风府穴位置停留3秒，如图3-68所示。

步骤2：揉捏斜方肌。

动作分解：

双手食指至小指在下，拇指在上着力于肩部，五指同时用力向上揉捏斜方肌，一捏一放重复 5 次，如图 3-69 所示，最后拉至风池风府穴停留 3 秒。

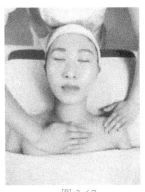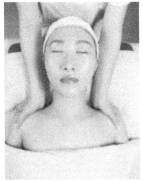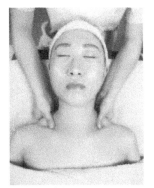

图 3-67　　　　　　　　　图 3-68　　　　　　　　　图 3-69

步骤 3：推拉斜方肌。

动作分解：

一手固定同侧肩部，另一手呈半握拳状，用四指关节面来回推拉斜方肌 5 次，如图 3-70 所示，一侧结束再换另一侧动作相同，最后双手半握拳同时推拉斜方肌 5 次。

大安抚动作。

步骤 4：推肩部斜方肌。

动作分解：

双手食指至小指在上，拇指在下放于肩部，大拇指同时由内到外拨肩部斜方肌至肩头，再由食指至小指包肩后拇指从肩上滑至腋下，如图 3-71 所示，此动作重复 5 次，最后一次食指至小指包肩后直接顺颈后拉至风池、风府穴停留 3 秒。

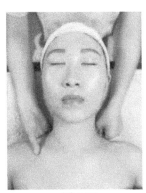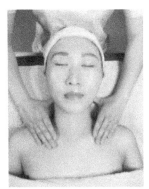

图 3-70　　　　　　　　　图 3-71

步骤 5：点膻中穴，压肩头。

动作分解：

双手重叠，配合顾客的呼吸点按膻中穴 5 次（吸气时下压，呼气时轻轻抬起），双手重叠同时按压肩头各 5 次，如图 3-72 所示。

大安抚动作，然后结束。

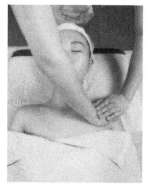

图 3-72

六、头部养生按摩手法

步骤 1：十指揉按头侧两个位置。

动作分解：

双手十指着力于两侧太阳穴后方头部位置，由外向内揉按 5 圈，动作相同，再向后移动三寸位置，如图 3-73 所示。

步骤 2：食指至小指竖拉头顶三个位置。

动作分解：

视频 19

双手食指至小指以神庭穴为中心着力于两侧，同时用力向后提拉再快速恢复原位 5 次，动作相同依次向后挪动至神庭穴与百会穴中间位置，最后是百会穴位置，如图 3-74 所示。

步骤 3：食指至小指横点按发际线四个位置。

动作分解：

双手食指至小指以神庭穴为中心着力于两侧，同时用力向下点按，动作相同依次顺发际线向后移动三个位置至听宫穴，如图 3-75 所示，此动作重复两遍。

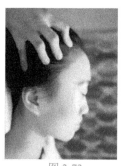
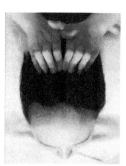

图 3-73　　　　　　　图 3-74　　　　　　　图 3-75

步骤 4：拇指竖点按头部四条延长线。

动作分解：

双手拇指同时点按印堂穴延长线到百会穴、鱼腰穴延长线至百会穴、太阳穴延长线至百会穴、耳门穴延长线至百会穴，如图 3-76 所示。

步骤 5：拇指横点按头部三条延长线。

动作分解：

双手拇指同时点按神庭穴延长线至耳门、神庭穴与百会穴中间位置延长线至耳上、百会穴延长线至耳后，如图 3-77 所示。

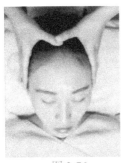 

图 3-76 　　　　　 图 3-77

步骤 6：揉按左右侧风府穴。

动作分解：

一手固定头部，另一手食指至小指着力于风府穴位置，由内向外打圈揉按 5 次，再依次向上移动两个位置动作相同，如图 3-78 所示，做完一侧再做另一侧。

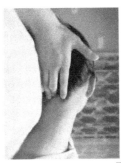 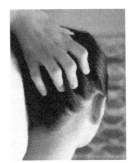

图 3-78

步骤 7：放松动作。

动作分解：

抓头：双手呈"爪状"着力于头部，缓慢而有渗透力地抓挠头部做放松，如图 3-79 所示。

敲头：双手小鱼际着力于头部，做敲击动作（先中间再两边），如图 3-80 所示。

结束动作：双手重叠按压神庭穴，再分开按压太阳穴位置结束。

 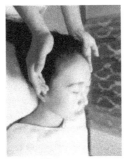

图 3-79 　　　　　 图 3-80

第四章　修饰美容

本章学习目标

1. 了解常用修饰类化妆品
2. 掌握日妆化妆的程序及方法

第一节　美容化妆概述

美容化妆就是指借助修饰类化妆品，运用各种美容化妆技巧，达到美化容貌的修饰美容技术。

常用修饰类化妆用品：

1. 肤色修正液

肤色修正液主要是用于矫正肤色，调整、抑制发黄、发红的肤色，使皮肤光亮、透明，如图 4-1 所示。

2. 粉底

（1）粉底液。

图 4-1

粉底液质地为半流动状，油脂含量少，便于涂抹，使用效果真实、自然，但遮盖力较弱，一般适合生活妆及肤质较好的人使用，如图 4-2 所示。可分为清爽型和滋润型两类，清爽型适合油性皮肤和夏季使用，滋润型适合中、干性皮肤和冬季使用。

（2）粉底霜。

粉底霜的油脂和粉质含量都较高，遮盖力强于粉底液，黏附性及舒展性均较好，适用于中、干性皮肤及专业化妆造型，如图 4-3 所示。

（3）粉条。

油脂及粉质含量最高，遮瑕效果最强，适用于瑕疵皮肤及浓妆使用。

（4）遮瑕膏。

质地细腻，遮盖力强于粉条，用于斑、痣、暗疮等瑕疵的局部遮盖。

（5）粉饼。

粉质含量较高，由粉体原料及黏合剂经混合压制而成饼状，便于携带，常用于补妆或简单快捷的日间化妆。粉饼中又包含干湿两用粉饼，干用时直接取用，湿用时将盒子内的海绵扑湿润后取用，后者适合干性肌肤，如图 4-4 所示。

图 4-2

图 4-3

图 4-4

相关链接

●专业粉底的选择

专业粉底应具有如下特点：

◇防水、透气性好、不油腻、不堵塞毛孔，容易卸妆。

◇延展性好，不黏腻，不结团，容易涂抹。深浅底色易衔接，边缘自然柔和。

◇专业性强，适用面广，颜色齐全，有深、浅、偏黄、偏红等色。色泽纯正，适合各种肤色、肤质和脸型；也适合各种类型化妆，如生活妆、电视电影化妆、舞台化妆等。

◇粉质细腻，与皮肤融合性好，附着力强，薄薄涂抹，即可较好地遮盖瑕疵，又不失真实的肌肤质感。

◇持久性强，长时间带妆不脱妆，抗紫外线。

◇含铅量低，不含酒精，无刺激，长时间使用安全可靠。

3.定妆粉

定妆粉分为蜜粉、散粉、主要用于定妆。粉质比较细腻，光滑透明，能还原底色的层次，吸收性强，如图 4-5 所示。

4.眼影、腮红

有粉状和膏状两种，颜色品种繁多。选用质地细腻、色泽纯正、颜色之间衔接效果好、附着力强、容易晕染的为佳。现在比较常用的是粉质眼影和腮红，如图 4-6 所示。

图 4-5

图 4-6

5.眉笔、眼线笔

常用的眉笔有黑色、灰色、棕色三种。眉笔笔芯偏硬，能够流畅地画出线条，不结团、不黏腻。

眼线笔笔芯则要选择偏软的，这样画眼线时不会划伤皮肤，但太软则容易散开。

眉笔、眼线笔如图 4-7 所示。

图 4-7

6. 睫毛膏

睫毛膏能够增加睫毛的浓密感，并使睫毛有所增长。睫毛膏分为无色睫毛膏、彩色睫毛膏、加长睫毛膏、防水睫毛膏等，如图 4-8 所示。

7. 唇膏、唇彩

唇膏颜色种类繁多，以颜色纯正、深浅适度、无刺激、滋润有光泽、涂展性好、持久为宜。唇彩较透明，能在唇上留下润泽光彩，通常在涂完唇膏后使用，亦可单独使用，如图 4-9 所示。

图 4-8　　　　　　　　图 4-9

第二节　日　妆

一、日妆的定义

日妆又称生活妆或淡妆，指用于一般人日常生活的简单化妆，是在自然、真实的原则下，对面部进行轻微修饰与润色。妆面清爽、淡雅、自然、操作简单，如图 4-10 所示。

二、日妆的要求

化日妆时要根据自身面部的特点，考虑其职业、身份、年龄、爱好等一系列因素，用色要简单，不宜繁复，要注意眼睛、眉毛、嘴唇和腮红之间的色彩秩序，做到有主次，重点突出。

图 4-10

三、化日妆的程序及操作方法

进行化日妆操作时，应根据自身面部不同的基础条件和需求而定，可简可繁。

1. 化妆前准备

化装前要做好皮肤的深层清洁和保养。

2. 化底妆

（1）打底的作用及操作方法。

打底的作用：

① 统一面部色调。

由于面部各部位皮肤厚薄不同，色素分布不同，造成皮肤表面的色度深浅不一。粉底能将面部的色调统一起来，使皮肤洁净、协调。

② 修正肤色。

选择适当的粉底，可以调整面部整体的肤色，使皮肤显得更加健康、有光泽。

③ 调整脸型、表现立体感。

东方人的面部较为扁平，缺乏立体感。利用明度不同的粉底涂抹在不同的部位，可以让人产生不同的视觉效果，从而起到调整脸型、表现立体感的作用。

打底的操作方法：

① 选色与试色。

同时拿几瓶不同颜色的粉底靠近皮肤，然后选择一款和自身皮肤最接近、略浅一号的粉底，有时需要混合两种粉底才能获得所需要的颜色。

② 涂抹。

用海绵扑抹上粉底，以按压的方式从皮肤局部开始涂抹整个面部。三角区位置（鼻子和嘴周）可适当加强涂抹，眼周手势要轻，用海绵扑较窄的一端操作，涂抹下眼睑时眼睛可以往上看，由外往里涂抹，避免眼部的粉底产生褶痕，如图 4-11 所示。

（2）定妆的作用及操作方法。

定妆的作用：使用定妆粉的目的主要是为了固定底妆，防止妆面脱落，保持妆面洁净，使面部更为细腻光滑。

定妆的操作方法：

面部底妆化好后，可以用面扑或大号软毛化妆刷在面部进行定妆，顺序是：首先固定外轮廓，然后是上额部位、下颌部位及内轮廓，如图 4-12 所示。

图 4-11

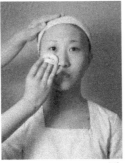
图 4-12

3. 画眉

眉毛能够表达脸部的表情，修饰很好的眉毛不仅能够增加脸部的平衡感，更能强调出眼睛的美感。所以在画眉之前，首先要把眉毛修理整齐。

美容科学与应用（初级）

修眉的方法：

修眉工具主要包括眉刀、镊子、眉剪，如图 4-13 所示。

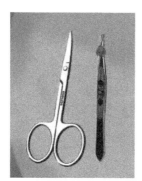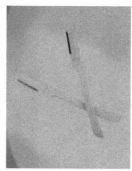

图 4-13

（1）用修眉刀修眉。

用拇指提抬眉弓，绷紧皮肤，在眉底处沿眉毛生长方向刮掉多余的杂毛。用修眉刀修眉适合于快速修眉，而且对皮肤刺激不大。

（2）用镊子修眉。

① 修眉前确定眉毛起点、最高点和终点。

起点：为了决定从何处开始拔除眉毛，可用铅笔从内侧眼角至鼻侧形成一直线，如图 4-14 所示，两眉之间超过此线的眉毛应拔除。

最高点：将铅笔垂直放在眼睛前面并对准眼球外侧，此垂直线与眉毛相交之点即为眉毛的最高点，如图 4-15 所示。

终点：将铅笔斜放于外侧眼角与鼻侧之间形成一直线，此线与眉毛相交之点即为眉毛的终点，如图 4-16 所示，超过此点的眉毛应拔除。

② 用镊子修眉的步骤

为了尽量减少用镊子修眉时的不适感，如图 4-17 所示，应采取下列步骤进行：

用少量的油或者清洁霜使眉毛软化→拔除眉毛时应将皮肤拉紧→顺着眉毛生长方向拔除→眉毛拔除后，应用蘸上几滴收缩水的冷棉片涂敷，如图 4-17 所示。

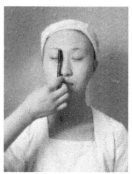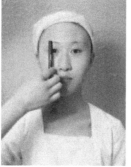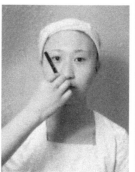

图 4-14　　　　　　图 4-15　　　　　　图 4-16　　　　　　图 4-17

眉毛的表情特征

眉毛很细、弧度很大会使脸部有惊讶的表情，从而令人将注意力集中在眉毛上，而不是整个脸部。眉毛分得太开且外端（眉梢）向下，会使人有茫然凝视的感觉。眉毛太粗，双眉头靠的太近，会使人有皱眉或不高兴的表情。

眉色的选择

常用的眉色有深棕色、灰色和黑色。深棕色的眉笔一般用于淡妆，自然、写实、时尚；黑的眉笔可用于眉腰，强调眉毛的立体感，并使眉毛的力度加强；灰色的眉笔可使整体眉毛深浓而又真实。

画眉的操作方法：

要画出自然眉型，可以先从眉腰处着手，向上、向外侧斜画，在长有自然眉毛的地方着色，如果眉毛稀疏或有缺口，可顺着毛发生长的方向在皮肤上画出细细的线条，眉峰至眉梢以向外的笔触描画，眉梢顺着走向略向斜下描画。眉头可以不画，或向上轻轻画出毛发一样的线条。标准眉毛如图 4-18 所示。

4. 画眼线

如果不画眼线，眼部的化妆就不算完整。适当的眼线能改变眼型，加强眼部的神采，使眼睛更加迷人。

画眼线的操作方法：

用眼线笔紧贴睫毛的根部描画上眼线，然后再向上晕染，内眼角较细，外眼角较粗，并向外延伸。手要稳，下笔要均匀，眼尾的描画过渡要自然，如图 4-19 所示。

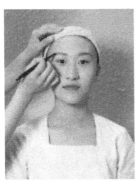 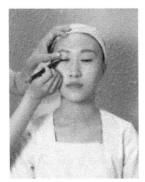

图 4-18　　　　　　　图 4-19

5. 画眼影

眼影的颜色可根据自身具体条件来选择，也可与服装颜色相协调。

画眼影的操作方法：

中式画法：纵向晕染，也称水平式、层次法晕染，是一种自下而上、由深至浅渐变的晕染方法。在双眼皮内侧或单眼皮的睫毛根部涂深色，眼皮沟至眼窝渐变为中间色，眉骨下方为浅色，如图 4-20 所示。

6. 涂睫毛膏

睫毛膏可以使睫毛看起来更密、更浓、更翘、更长，从而使眼睛显得更大、更有神。

涂睫毛膏的操作方法：

用睫毛夹顺睫毛根部，中部、末梢分三段，夹卷睫毛使之上翘，如图 4-21 所示。再用睫毛刷从睫毛根部向睫毛梢部纵向涂染，如图 4-22 所示。

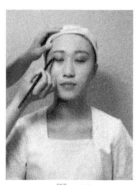  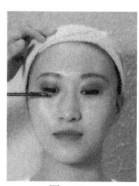

图 4-20　　　　　　图 4-21　　　　　　图 4-22

7. 涂腮红

腮红能够表现皮肤健康的外观，在运用时，用量及色彩的选择很重要。腮红的色彩应与肤色是同色系，最好与眼影、口红的色系相似。

涂腮红的操作方法：

用腮红刷轻蘸适量腮红，从颧骨和颧弓下陷结合处向内轮廓方向轻扫，如图 4-23 所示。注意一次不能蘸太多，若蘸太多，可以在干净的纸巾上轻扫几下再用于面部。

腮红轻扫，颜色清淡，呈现自然红晕。腮红颜色应与唇膏相协调，扫上腮红后，再压少许蜜粉，会让人感觉是从皮肤里透出的自然色泽。

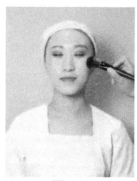

图 4-23

8. 涂唇膏

唇膏颜色不宜浓艳，与服装颜色相配最好。力求自然、轻松、红润、有质感。

9. 衔接面妆

用海绵蘸比基础色深一度颜色的粉底，轻轻抹在脖颈部位，再用粉扑蘸定妆粉定妆。

第五篇　美容院经营管理

企业经营管理（operation and management of business）：对企业整个生产经营活动进行决策、计划、组织、控制、协调，并对企业成员进行激励，以实现其任务和目标一系列工作的总称。

一、经营管理的基本任务

合理地组织生产力，使供、产、销各个环节相互衔接，密切配合，人、财、物各种要素合理结合，充分利用，以尽量少的劳动消耗和物质消耗，生产 / 销售出更多的符合社会需要的产品。

二、经营与管理的关系

（1）"经营"在"管理"的外延之中。通常按照企业管理工作的性质，将营销 / 生产称作"经营"，之外的管理内容称为"管理"。

通常对经营和管理可以这样理解，企业运营都会包括经营和管理这两个主要环节，经营是指企业进行市场活动的行为，而管理是指企业理顺工作流程、发现问题的行为。

（2）经营是对外的，追求从企业外部获取资源和建立影响；管理是对内的，强调对内部资源的整合和建立秩序。

（3）经营是龙头，管理是基础，管理必须为经营服务。企业要做大做强，必须首先关注经营，研究市场和客户，并为目标客户提供有针对性的产品和服务；然后基础管理必须跟上，只有管理跟上了，经营才可能继续往前进，经营前进后，又会对管理水平提出更高的要求。所以，企业发展的规律就是：经营—管理—经营—管理交替前进，就像人的左脚与右脚。如果撇开管理光抓经营是行不通的，管理扯后腿，经营就前进不了。相反的，撇开经营，光抓管理，就会原地踏步甚至倒退。

管理始终贯穿于整个经营的过程，没有管理，就谈不上经营。

管理的结果最终在经营上体现出来，经营结果代表管理水平。

管理思想有一个相对稳定的体系，但企业的经营方法却要随着市场供应和需求因时因地而变化，但它又要靠管理思想来束缚。反过来，管理思想又要跟着经营、环境、时代、市场而调整。经营是人与事的互动，管理则是企业内人与人的互动。

经营是选择对的事情做，管理是把事情做对。所以经营是指涉及市场、顾客、行业、环境、投资的问题，而管理是指涉及制度、人才、激励的问题。简单地说，经营关乎企业生存和盈亏，管理关乎效率和成本，这就是两者的区别。

经营管理职能包括五个方面的内容，即战略职能、决策职能、开发职能、财务职能和公共关系职能。

三、经营与管理两者的辩证关系

（1）经营与管理是密不可分的。

（2）经营与管理，必须共生共存，在相互矛盾中寻求相互统一。

第一章　美容院运营环境

本章学习目标

1. 了解美容院的运作范围
2. 掌握美容院的卫生要求
3. 了解美容院相关法律规定

运营：运行和营业。运营管理就是对运营过程的计划、组织、实施和控制，是与产品生产和服务创造密切相关的各项管理工作的总称。美容院科学规划的运营管理对未来美容院的持续稳步发展起着决定性的作用！

第一节　美容院的运作范围

2000 年 5 月，卫生部发布了《关于加强美容服务管理的通知》指出："生活美容包括美容知识咨询与指导、皮肤护理、化妆修饰、形象设计和美体等服务项目。医疗美容包括重睑开成术、假体植入术、药物及手术减肥术等医疗项目。生活美容服务由行政主管部门按开业标准和《职业技能鉴定规范》进行监督管理；医疗美容服务必须遵循《中华人民共和国医师法》、《医疗机构管理条例》，执行《医疗机构基本标准（试行）》，后方可开展，并接受卫生行政部门的监督管理。"

2002 年卫生部公布的《医疗美容服务管理办法》，同样将美容明确划分为生活美容和医疗美容两大类。并明确规定，包括吸脂、隆胸、穿耳洞、纹眉、去皱等项目在内的美容手术，只有美容医疗机构才可以进行。有些社会上许多美容院招牌上明列的很多医疗美容项目如瘦脸、丰胸、纹眉、去除眼袋、美下颌、双眼皮、隆鼻、除皱等服务均属于违规、超范围经营。实际上，美容院不是医疗机构，美容院的经营范围只是生活美容范畴，即皮肤护理、修眉、足浴等项目。美容院根本没有合法"身份"提供医疗美容服务，只允许经营生活美容和美发项目。

2005 年 1 月 1 日起施行的《美容美发业管理暂行办法》对于生活美容作出了详细的规定。

所谓生活美容，就是使用化妆或一般护理保养方法的修饰性美容，同时包括美容知识咨询与指导、形象设计和美体等服务项目。也就是对人面部及皮肤的保养，以预防皮肤老化，在个人原有的基础上加以修饰，比如面部保养、美颈、美腿、化妆等。生活美容对美容师的要求不是很高，只要掌握基本的专业知识，在获得有关部门认可的资格证书后便可上岗工作。

所谓医疗美容，是指运用手术、药物、医疗器械以及其他具有创伤性或者侵入性的医学技术方法对人的容貌和人体各部位形态进行的修复与再塑，即整形美容。只要对人体采用了侵入性的手段，就应属于医学美容范畴，包括重睑形成术、假体植入术、药物、手术减肥、隆胸等等。

一般认为，深入到真皮以下的部位应属于医疗美容范畴，对于纹眉、纹眼线、纹唇线的"三纹"服务，尽管其伤口很小，但均深入真皮下，完成这些操作仍需要消毒和进入皮肤，亦属于具有创伤性、侵入性行为，应当被认定为医疗美容。对于未取得《医疗机构执业许可证》的美容院是不得提供此类服务的。

第二节　美容院的卫生与安全

卫生与安全制度是美容院卫生管理的组成部分，建立健全卫生制度是十分重要的。美容院是一个社会性公共场所，卫生管理的好与坏，直接关系到广大消费者的切身利益，关系到美容院的服务质量和社会信赖。

一、美容院卫生要求

卫生对于美容院来说是至关重要的，许多顾客对于美容院心存顾虑的主要原因就是不放心其卫生及安全问题。美容院卫生主要包括环境卫生、器具和产品卫生以及美容师的个人卫生三个方面：

（一）环境卫生

对美容院的环境要求首先应该是清洁、温馨、舒适、安全、能够使客人得到充分的放松。

1. 室外环境

门前地面要干净、清洁、花卉摆放整齐。

灯箱招牌要洁净、明亮。

门前不堆放杂物和垃圾。

2. 室内环境

美容室独立设置，不与其他功能房间混在一起。

高度应保持在 2.4 米以上，室内备有空调、换气扇、抽风机等换气设备。室内温度在 22 摄氏度左右，湿度 55% ~ 65% 之间，采光良好，设有明暗两组灯光。

美容床之间的间距要适宜，过于拥挤会影响空气质量，每张美容床占用面积不应小于 2.5 平方米。

保持橱窗、玻璃、窗帘、墙壁、地板、地毯的清洁，地板上的脏物应及时清理，绝不可以有老鼠、跳蚤、虱子、苍蝇等。

美容院不可用来煮饭、住宿、就餐，应设专门的美容师休息室。室内严禁吸烟，如有需要可以设置专门的吸烟区或吸烟室。

洗手间必须保持卫生，提供冷热水、肥皂、纸巾以及垃圾桶。

（二）器具和产品卫生

（1）检查产品，注意不得为顾客提供变质或过期的产品。

（2）对需要消毒的用品、应进行消毒处理，并放在随手可取、干净的工作台或手推车上。

（3）备齐并摆放好产品，摆放产品时要以方便作为原则，一般的摆放顺序为：酒精或杀菌液、卸妆产品、清洁产品、化妆水、水疗膜、去角质产品、精华产品、按摩膏、面膜、眼霜、日霜和防晒霜；如果是身体护理，则要备好身体护理所用产品。

（4）院装产品应根据所需用量，提前取出，并保存在干净、经过消毒的容器中。

（5）容器内的东西必须用消毒后的压舌板或挑棒取出，手指不可触及容器内及瓶盖内。

（6）定期彻底清洁仪器。每次使用仪器前后要随手对机器与皮肤接触的部分进行消毒，如超声波美容仪的声头、电脑皮肤检测的探头等。

（三）美容师个人卫生

1. 洗手

为客人做护理前必须洗手，洗手时最好用流动水，并使用肥皂或洗手液仔细将指尖、手指、指缝、手背至手腕上部15厘米处都清洗干净。美容师在洗完手后，应避免触及自己的脸部及头发，如果必须这样做，应该在再次接触顾客或再次使用美容工具之前重新洗手。

2. 手部消毒

主要是在面部或身体有发炎、化脓或伤口等问题的顾客做护理前进行，目的是避免细菌感染。手部消毒应在洗手之后进行，可以选用70%（75%）酒精或0.2%过氧乙酸溶液等消毒用品。

3. 准备卫生口罩

为顾客做护理时，应戴符合规格的口罩。制服、口罩应随时保持整洁、卫生。

二、美容院卫生法规相关知识

按照《公共场所卫生管理条例》、《美容美发场所卫生规范》、《理发店、美容店卫生标准》等法律法规和卫生规范标准的有关规定，制定本公司卫生管理制度：

（1）建立健全的卫生管理岗位责任制，由各部门主任担任本部门卫生管理员，承担卫生管理和监督责任；

（2）所有美容美发服务岗位上的员工需经卫生知识培训合格、体检取得健康证明后才能上岗；如员工患有有碍公众健康疾病，治愈之前不得直接为顾客服务；

（3）上岗员工应保持良好的个人卫生，不留长指甲，勤剪发、勤洗澡、勤换衣。工作时应着专用工作服装，着装保持整洁。不在工作区域内食、宿，不在工作场所摆放私人物品；

（4）美发、美容公共用具（理发刀剪、胡刷、头梳、毛巾、围巾、眉钳、水盆等）消毒设施和制度落实到位，能做到一客一用一消毒；

（5）供患头癣等皮肤病传染病顾客专用的理发工具不管使用与否都要定期消毒；

（6）保持本部门及公共区域室内外环境卫生整洁，每天营业之前必须打扫清洁地面、桌椅、门窗、墙角及工作区域，物品摆放整齐、到位，做到环境干净、整洁；

（7）每天营业之中，工作场所及所有的工具应保持清洁卫生，物品使用后及时归位，地面、桌椅及工作台上有多余的物品随时清理；

（8）每天营业之后，必须对地面、工作台进行打扫、清洁、消毒、去除灰尘、污物，及时处理废弃物。同时，用品用具进行分类清洁、消毒；

（9）工作时间开启排风扇，保持室内空气流通、无异味，每日上班前使用紫外线对空气进行消毒；

（10）及时清洗、消毒使用过的毛巾等用品，满足消毒周转的要求。消毒有专人负责，并做好消毒记录。

三、美容院消毒常识

细菌是一种微生物，几乎存在于任何地方。如果有一定的温度、湿度和营养的条件就会大量地繁殖，细菌进入人体主要通过皮肤伤口、口腔、鼻腔、眼、耳等部位。

消毒：消毒有煮沸消毒、蒸汽消毒、干烘消毒、紫外线消毒、化学消毒等。

（一）美容院的卫生消毒常用方法

（1）煮沸消毒：将洗净的毛巾、美容衣、床单、美容工具等直接煮沸20分钟，可将细菌全部杀死。

（2）烘烤消毒：主要用于毛巾消毒，将洗净晾干的毛巾放入红外线烤柜内消毒，用时取出，具体操作看烤柜说明书。

（3）紫外线消毒：主要用于消毒美容器具及净化室内空气，器具也可经肥皂水洗净后再经清水洗净后擦干后在紫外线下消毒，包好备用。

（4）酒精消毒：用75%酒精溶液进行消毒，主要用于消毒剪刀、暗疮针。2%的碘酒溶液主要用于皮肤及小伤口等消毒。

（5）过氧化氢消毒：3%过氧化氢溶液用于清洗皮肤及伤口。

（6）新洁尔灭消毒：0.1%的新洁尔灭溶液用于浸泡各种器械，也可消毒皮肤。

（二）卫生守则

（1）经常保持墙壁、天花板、地板、窗户干净、常洗常换；

（2）保持厅内空气清新，禁止吸烟；

（3）每天用洁净的布擦拭美容仪器、美容架、美容床、美容柜等；

（4）每天工作前用紫外线消毒所需的器具、存放于柜内备用。毛巾不能重复使用于不同的客人；

（5）地板、地面每天清理、并保持全天干净，有污物垃圾要及时清理；

（6）室内不能有害虫、不得有宠物等。

四、美容院消防安全常识

当今社会经济飞速发展，人民群众的生活水平日益提高，社会产品极大丰富，生产、生活、用火、用电增多，各种化工产品在社会生活中得以大量使用。在给人们带来方便的同时，也给社会生活带来许多不安全的因素，火灾事故的频繁发生，给人民群众的生命财产安全造成巨大的损失。

其实，只要人们掌握一定的消防常识，懂得常见的灭火器材的使用方法，掌握扑灭初期火灾的措施，是完全有可能把火灾扑灭在萌芽状态下的。所以我们首先要懂得一些常见消防器材的性能、适用范围以及其使用方法。

（一）灭火的基本方法

根据物质燃烧原理和人们长期同火灾作斗争的实践经验，灭火的基本方法有四种：

（1）冷却灭火法：是根据可燃物质发生燃烧时必须达到一定的温度这个条件，将灭火剂直接喷洒在燃烧的物体上，使可燃物的温度降低到燃点以下，从而使燃烧停止。用水进行冷却灭火，是扑救火灾的最常用方法。

（2）隔离灭火法：是根据发生燃烧必须具备可燃物这个条件，将已着火物体与附近的可燃物隔离或疏散开，从而使燃烧停止，如关闭阀门，阻止可燃气体、液体流入燃烧区，拆除与火源相毗连的易燃建筑等。

（3）窒息灭火法：是根据燃烧需要足够的空气这个条件，采取适当措施来防止空气流入燃烧区，使燃烧物质缺乏或断绝氧气而熄灭。这种灭火方法，适用于扑救封闭的房间、地下室、船舱内的火灾。

（4）抑制灭火法：就是使灭火剂参与燃烧的连锁反应，使燃烧过程中产生的游离基消失，形成稳定分子，从而使燃烧反应停止。

目前被认为效果较好、使用较广的抑制灭火剂是卤代烷灭火剂，但卤代烷灭火剂对环境有一定污染，国际环境卫生组织已限制使用。

此外，近年发展起来的干粉灭火剂，也有认为是属抑制法灭火剂之一，而且灭火效果较好，被广泛地生产和使用。

在火场上，往往同时采用几种灭火法，以充分发挥各种灭火方法的效能，才能迅速有效地扑灭火灾。

（二）常用灭火设备

灭火器是一种可由人力移动的轻便灭火器具，它能在其内部压力作用下，将所充装的灭火药剂喷出，用来扑灭火灾。由于灭火器结构简单，操作方便，使用面广，对扑救初期火灾有一定效果，因此，在工厂、企业、机关、商店、仓库以及汽车、轮船、飞机等交通工具上，几乎到处可见，已成为群众性的常规灭火武器。

灭火器的种类很多，按其移动方式可分为：手提式和推车式；按驱动灭火剂动力来源可分为：储气瓶式、储压式、化学反应式；按所充装的灭火剂则又可分为：泡沫、二氧化碳、干粉、卤代烷，还有酸碱、清水灭火器等。日常所使用的灭火器有泡沫、干粉、卤代烷、二氧化碳等四种灭火器。

1. 二氧化碳灭火器

二氧化碳灭火器利用其内部所充装的高压液态二氧化碳本身的蒸气压力作为动力喷出灭火。由于二氧化碳灭火剂具有灭火不留痕迹，有一定的绝缘性能等特点，因此适用于扑救 600 伏以下的带电电器、贵重设备、图书资料、仪器仪表等场所的初起火灾，以及一般的液体火灾，不适用扑救轻金属火灾。

使用方法：灭火时只要将灭火器的喷筒对准火源，打开启闭阀，液态的二氧化碳立即气化，并在高压作用下，迅速喷出。

但应该注意二氧化碳是窒息性气体，对人体有害，在空气中二氧化碳含量达到 8.5%，会发生呼吸困难，血压增高；二氧化碳含量达到 20% ～ 30% 时，呼吸衰弱，精神不振，严重的可能因窒息而死亡。因此，在空气不流通的火场使用二氧化碳灭火器后，必须及时通风。在灭火时，要连续喷射，防止余烬复燃，不可颠倒使用。

二氧化碳是以液态存放在钢瓶内的，使用时液体迅速气化吸收本身的热量，使自身温度急剧下降到 -78.5℃左右。利用它来冷却燃烧物质和冲淡燃烧区空气中的含氧量以达到灭火的效果。所以在使用中要戴上手套，动作要迅速，以防止冻伤。如在室外，则不能逆风使用。

维护保养

① 二氧化碳灭火器应放置明显、取用方便的地方，不可放在采暖或加热设备附近和阳光强烈照射的地方，存放温度不要超过 55℃。

② 定期检查灭火器钢瓶内二氧化碳的存量，如果重量减少十分之一时，应及时补充罐装。

③ 在搬运过程中，应轻拿轻放，防止撞击。在寒冷季节使用二氧化碳灭火器时，阀门开关开启后，不得时启时闭，以防阀门冻结。

④ 灭火器每隔 5 年送请专业机构进行一次水压试验，并打上试验年、月的钢印。

2. 干粉灭火器

干粉灭火器是以高压二氧化碳为动力，喷射筒内的干粉进行灭火，为储气瓶式。它适用于扑救石油及其产品、可燃气体、易燃液体、电器设备初起火灾，广泛用于工厂、船舶、油库等场所。

3. MF 型手提式干粉灭火器

适用范围和使用方法：碳酸氢钠干粉灭火器适用于易燃、可燃液体和气体以及带电设备的初起火灾；碳酸铵磷干粉灭火器除可用于上述几类火灾外，还可用于扑救固体物质火灾。但都不适宜扑救轻金属燃烧的火灾。

灭火时，先拔去保险销，一只手握住喷嘴，另一手提起提环（或提把），按下压柄就可喷射。扑救地面油火时，要采取平射的姿势，左右摆动，由近及远，快速推进。如在使用前，先将筒体上下颠倒几次，使干粉松动，然后再开气喷粉，则效果更佳。

维护保养和检查

① 平时应放置在干燥通风的地方，防止干粉受潮变质；还要避免日光曝晒和强辐射热，以防失效。

② 存放环境温度在 -10℃ $\sim$ 55℃之间。

③ 进行定期检查，如发现干粉结块或气量不足，应及时更换灭火剂或充气。

④ 一经打开启用，不论是否用完，都必须进行再充装，充装时不得变换品种。

⑤ 灭火器每隔五年或每次再充装前，应进行水压试验，以保证耐压强度，检验合格后方可继续使用。

推车式干粉灭火器的使用方法和维护保养与手提式干粉灭火器相同。

4. 消防水泵和消防供水设备

水泵俗称抽水机，在灭火作战中用来吸取并输送消防用水，它的种类很多，但其原理基本相似，具体的操作需视其类型而定。

消防供水设备是消防水泵的配套设备，大家比较常见的，是室内消火栓系统，它包括水枪、水带和室内消火栓。使用时，将水带的一头与室内消火栓连结，另一头连接水枪，现有的水带水枪接口均为卡口式的，连接中应注意槽口，然后打开室内消火栓开关，即可由水枪开关来控制射水。

水枪依照喷嘴口径的不同可分为 13mm、16mm、19mm 三种类型，同样水带依照直径的大小也可分为 50mm、65mm、80mm 三种类型，不同型号的水枪需与相应的水带匹配，在使用时要加以注意，但一般在室内消火栓箱放置的水带与水枪均是配套的。

（三）《消防安全常识二十条》是从国家消防法律法规、消防技术规范和消防常识中提炼概括的，是公民应当掌握的最基本的消防知识

（1）自觉维护公共消防安全，发现火灾迅速拨打 119 电话报警，消防队救火不收费。

（2）发现火灾隐患和消防安全违法行为可拨打 96119 电话，向当地公安消防部门举报。

（3）不埋压、圈占、损坏、挪用、遮挡消防设施和器材。

（4）不携带易燃易爆危险品进入公共场所、乘坐公共交通工具。

（5）不在严禁烟火的场所和人员密集场所动用明火和吸烟。

（6）购买合格的烟花爆竹，燃放时遵守安全燃放规定，注意消防安全。

（7）家庭和单位配备必要的消防器材并掌握正确的使用方法。

（8）每个家庭都应制定消防安全计划，绘制逃生疏散路线图，及时检查、消除火灾隐患。

（9）室内装修装饰不宜采用易燃材料。

（10）正确使用电器设备，不乱接电源线，不超负荷用电，及时更换老化电器设备和线路，外出时要关闭电源开关。

（11）正确使用、经常检查燃气设施和用具，发现燃气泄漏，迅速关闭阀门、打开门窗，切勿触动电器开关和使用明火。

（12）教育儿童不玩火，将打火机和火柴放在儿童拿不到的地方。

（13）不占用、堵塞或封闭安全出口、疏散通道和消防车通道，不设置妨碍消防车通行和火灾扑救的障碍物。

（14）不躺在床上或沙发上吸烟，不乱扔烟头。

（15）学校和单位定期组织逃生疏散演练。

（16）进入公共场所注意观察安全出口和疏散通道，记住疏散方向。

（17）遇到火灾时沉着、冷静，迅速正确逃生，不贪恋财物、不乘坐电梯、不盲目跳楼。

（18）必须穿过浓烟逃生时，尽量用浸湿的衣物保护头部和身体，捂住口鼻，弯腰低姿前行。

（19）身上着火，可就地打滚或用厚重衣物覆盖，压灭火苗。

（20）大火封门无法逃生时，可用浸湿的毛巾衣物堵塞门缝，发出求救信号等待救援。

（四）美容院消防安全管理制度

1. 消防安全教育、培训制度

（1）每年以创办消防知识宣传栏、开展知识竞赛等多种形式，提高全体员工的消防安全意识。

（2）定期组织员工学习消防法规和各项规章制度，做到依法治火。

（3）各部门应针对岗位特点进行消防安全教育培训。

（4）对消防设施维护保养和使用人员应进行实地演示和培训。

（5）对新员工进行岗前消防培训，经考试合格后方可上岗。

（6）因工作需要员工换岗前必须进行再教育培训。

（7）消控中心等特殊岗位要进行专业培训，经考试合格，持证上岗。

2. 防火巡查、检查制度

（1）落实逐级消防安全责任制和岗位消防安全责任制，落实巡查检查制度。

（2）消防工作归口管理职能部门每日对公司进行防火巡查，每月对单位进行一次防火检查并复查追踪改善。

（3）检查中发现火灾隐患，检查人员应填写防火检查记录，并按照规定，要求有关人员在记录上签名。

（4）检查部门应将检查情况及时通知受检部门，各部门负责人应对每日消防安全检查情况进行通知，若发现本单位存在火灾隐患，应及时整改。

（5）对检查中发现的火灾隐患未按规定时间及时整改的，根据奖惩制度给予处罚。

3. 安全疏散设施管理制度

（1）单位应保持疏散通道、安全出口畅通，严禁占用疏散通道，严禁在安全出口或疏散通道上安装栅栏等影响疏散的障碍物。

（2）应按规范设置符合国家规定的消防安全疏散指示标志和应急照明设施。

（3）应保持防火门、消防安全疏散指示标志、应急照明、机械排烟送风、火灾事故广播等设施处于正常状态，并定期组织检查、测试、维护和保养。

（4）严禁在营业或工作期间将安全出口上锁。

（5）严禁在营业或工作期间将安全疏散指示标志关闭、遮挡或覆盖。

4. 消防控制中心管理制度

（1）熟悉并掌握各类消防设施的使用性能，保证扑救火灾过程中操作有序、准确迅速。

（2）做好消防值班记录和交接班记录，处理消防报警电话。

（3）按时交接班，做好值班记录、设备情况、事故处理等情况的交接手续。无交接班手续，值班人员不得擅自离岗。

（4）发现设备故障时，应及时报告，并通知有关部门及时修复。

（5）非工作所需，不得使用消控中心内线电话，非消防控制中心值班人员禁止进入值班室。

（6）上班时间不准在消控中心抽烟、睡觉、看书报等，离岗应做好交接班手续。

（7）发现火灾时，迅速按灭火作战预案紧急处理，并拨打119电话通知公安消防部门并报告部门主管。

5. 消防设施、器材维护管理制度

（1）消防设施日常使用管理由专职管理员负责，专职管理员每日检查消防设施的使用状况，保持设施整洁、卫生、完好。

（2）消防设施及消防设备的技术性能的维修保养和定期技术检测由消防工作归口管理部门负责，设专职管理员每日按时检查了解消防设备的运行情况。查看运行记录，听取值班人员意见，燃气泄漏报警发现异常及时安排维修，使设备保持完好的技术状态。

（3）消防设施和消防设备定期测试。烟、温感报警系统的测试由消防工作归口管理部门负责组织实施，保安部参加，每个烟、温感探头至少每年轮测一次。消防水泵、喷淋水泵、水幕水泵每月试开泵一次，检查其是否完整好用。正压送风、防排烟系统每半年检测一次。室内消火栓、喷淋泄水测试每季度一次。

其他消防设备的测试，根据不同情况决定测试时间。

（4）消防器材管理。每年在冬防、夏防期间定期两次对灭火器进行普查换药。派专人管理，定期巡查消防器材，保证处于完好状态。对消防器材应经常检查，发现丢失、损坏应立即补充并上报领导。各部门的消防器材由本部门管理，并指定专人负责。

6. 火灾隐患整改制度

（1）各部门对存在的火灾隐患应当及时予以消除。

（2）在防火安全检查中，应对所发现的火灾隐患进行逐项登记，并将隐患情况书面下发各部门限期整改，同时要做好隐患整改情况记录。

（3）在火灾隐患未消除前，各部门应当落实防范措施，确保隐患整改期间的消防安全，对确无能力解决的重大火灾隐患应当提出解决方案，及时向单位消防安全责任人报告，并向单位上级主管部门或当地政府报告。

（4）对公安消防机构责令限期改正的火灾隐患，应当在规定的期限内改正并写出隐患整改的复函，报送公安消防机构。

7. 用火、用电安全管理制度

（1）用电安全管理。

> 严禁随意拉设电线，严禁超负荷用电。
> 电气线路，设备安装应由持证电工负责。
> 各部门下班后，该关闭的电源应予以关闭。
> 禁止私用电热棒、电炉等大功率电器。

（2）用火安全管理。

严格执行动火审批制度，确需动火作业时，作业单位应按规定向消防工作归口管理部门申请"动火许可证"。

动火作业前应清除动火点附近 5 米区域范围内的易燃易爆危险物品或作适当的安全隔离，并向保卫部借取适当种类、数量的灭火器材随时备用，结束作业后应及时归还，若有动用应如实报告。

如在作业点就地动火施工，应按规定向作业点所在单位经理级（含）以上主管人员申请，申请部门需派人现场监督并不定时派人巡查，离地面 2 米以上的高架动火作业必须保证有一人在下方专职负责随时扑灭可能引燃其他物品的火花。

未办理"动火许可证"擅自动火作业者，本单位人员予以记小过二次处分，严重的予以开除。

8. 易燃易爆危险物品和场所防火防爆制度

（1）易燃易爆危险物品应有专用的库房，配备必要的消防器材设施，仓管人员必须由消防安全培训合格的人员担任。

（2）易燃易爆危险物品应分类、分项储存。化学性质相抵触或灭火方法不同的易燃易爆化学物品，应分库存放。

（3）易燃易爆危险物品入库前应经检验部门检验，出入库应进行登记。

（4）库存物品应当分类、分垛储存，每垛占地面积不宜大于100m²，垛与垛之间不小于1m，垛与墙间距不小于0.5m，垛与梁、柱的间距不小于0.5m，主要通道的宽度不小于2m。

（5）易燃易爆危险物品存取应按安全操作规程执行，仓库工作人员应坚守岗位，非工作人员不得随意入内。

（6）易燃易爆场所应根据消防规范要求采取防火防爆措施并做好防火防爆设施的维护保养工作。

9. 义务消防队组织管理制度

（1）义务消防员应在消防工作归属管理部门领导下开展业务学习和灭火技能训练，各项技术考核应达到规定的指标。

（2）要结合对消防设施、设备、远程视频监控器材维护检查，有计划地对每个义务消防员进行轮训，使每个人都具有实际操作技能。

（3）按照灭火和应急疏散预案每半年进行一次演练，并结合实际不断完善预案。

（4）每年举行一次防火、灭火知识考核，考核优秀给予表彰。

（5）不断总结经验，提高防火灭火自救能力。

10. 灭火和应急疏散预案演练制度

（1）制定符合本单位实际情况的灭火和应急疏散预案。

（2）组织全员学习和熟悉灭火和应急疏散预案。

（3）每次组织预案演练前应精心开会部署，明确分工。

（4）应按制定的预案，至少每半年进行一次演练。

（5）演练结束后应召开讲评会，认真总结预案演练的情况，发现不足之处应及时修改和完善预案。

11. 燃气和电气设备的检查和管理制度

（1）应按规定正确安装、使用电器设备，相关人员必须经必要的培训，获得相关部门核发的有效证书方可操作。各类设备均需具备法律、法规规定的有效合格证明并经维修部确认后方可投入使用，电气设备应由持证人员定期进行检查，至少每月一次。

（2）防雷、防静电设施定期检查、检测，每季度至少检查一次，每年至少检测一次并记录。

（3）电器设备负荷应严格按照标准执行，接头牢固，绝缘良好，保险装置合格、正常并具备良好的接地，接地电阻应严格按照电气施工要求测试。

（4）各类线路均应以套管加以隔绝，特殊情况下，亦应使用绝缘良好的铅皮或胶皮电缆线。各类电气设备及线路均应定期检修，随时排除因绝缘损坏可能引起的消防安全隐患。

（5）未经批准，严禁擅自加长电线。各部门应积极配合安全小组、维修部人员检查加长电线是否仅供紧急使用、外壳是否完好、是否由维修部人员检测后投入使用。

美容科学与应用（初级）

（6）电器设备、开关箱线路附近按照本单位标准划定黄色区域，严禁堆放易燃易爆物，并定期检查、排除隐患。

（7）设备用毕应切断电源，未经试验正式通电的设备，安装、维修人员离开现场时应切断电源。

（8）除已采取防范措施的部门外，工作场所内严禁使用明火。

（9）使用明火的部门应严格遵守各项安全规定和操作流程，做到用火不离人、人离火灭。

（10）场所内严禁吸烟并张贴禁烟标识，每一位员工均有义务提醒其他人员共同遵守公共场所禁烟的规定。

12. 消防安全工作考评和奖惩制度

（1）对消防安全工作作出成绩的，予以通报表扬或物质奖励。

（2）对造成消防安全事故的责任人，将依据所造成后果的严重性予以不同的处理，火灾预警除已达到依照国家《治安管理处罚条例》或已够追究刑事责任的事故责任人将依法移送国家有关部门处理外，根据本单位的规定，对下列行为给予以处罚：

有下列情形之一的，视损失情况与认识态度除责令赔偿全部或部分损失外，予以口头告诫：

① 使用易燃危险品未严格按照操作程序进行或保管不当而造成火警、火灾，损失不大的；

② 在禁烟场所吸烟或处置烟头不当而引起火警、火灾，损失不大的；

③ 未及时清理区域内易燃物品，而造成火灾隐患的；

④ 未经批准，违规使用加长电线、用电未使用安全保险装置的或擅自增加小负荷电器的；

⑤ 谎报火警；

⑥ 未经批准，玩弄消防设施、器材，未造成不良后果的；

⑦ 对安全小组提出的消防隐患未予以及时整改而无法说明原因的部门管理人员；

⑧ 阻塞消防通道、遮挡安全指示标志等未造成严重后果的。

有下列情形之一的，视情节轻重和认识态度，除责令赔偿全部或部分损失外，予以通报批评：

① 擅自使用易燃、易爆物品的；

② 擅自挪用消防设施、器材的位置或改为它用的；

③ 违反安全管理和操作规程、擅离职守从而导致火警、火灾损失轻微的；

④ 强迫其他员工违规操作的管理人员；

⑤ 发现火警，未及时依照紧急情况处理程序处理的；

⑥ 对安全小组的检查未予以配合、拒绝整改的管理人员。

对任何事故隐瞒事实，不处理、不追究的或提供虚假信息的，予以解聘。

对违反消防安全管理导致事故发生（损失轻微的），但能主动坦白并积极协助相关部门处理事故、挽回损失的肇事者或责任人可视情况予以减轻或免予处罚。

消防常识小总结：

四不放过原则：

事故原因未查清不放过；
责任人员未处理不放过；
整改措施未落实不放过；
有关人员未受到教育不放过。
三懂三会：
懂得火灾的危险性；
懂得预防火灾的基本知识；
懂得扑救火灾的方法。
会报火警；
会使用消防设施扑救初起火灾；
会自救逃生。

火灾发生后怎么办
119：地点、火灾性质、派人迎接
灭火：3分钟自救灭火；
灭火工具的选择：水（电、油不能）灭火器（灭火自救）疏散逃生

第三节　美容院相关法律规定

为加强对美容行业的管理，规范美容业的经营行为，提高服务水平，为顾客营造良好的消费环境，促进美容行业的健康发展，根据《河南省治安管理条例》，结合我国美容行业的实际情况，制定美容行业相关标准。

一、范围

本标准规定了美容行业的定义，网点开设的程序和条件以及开业应具备的经营服务场所、设施、卫生、环保、经营管理和业务技术的基本要求。

本标准适用于美容店、美体瘦身店和综合性美发美容店。

（1）美容店：本标准所称的美容店是指运用专业技术技艺、专业设备仪器、专业用具用品等手段，为消费者提供护理美容、修饰美容、文饰美容等相关服务的经营企业和个体工商户。

注：美容店也可称为美容院、美容中心、美容会所等。

（2）美体瘦身店：本标准所称的美体瘦身店是指运用专业技术技艺、专业设备仪器、专业用具用品等手段，为消费者提供健康美体、塑身美容等相关服务的经营企业和个体工商户。

注：美体瘦身店也可称为瘦身店、美容健身会馆、SPA馆等。

（3）综合性美发美容店：本标准所称的综合性美发美容店是指含两项服务内容以上的经营企业和个体工商户。

注：综合性美容（美发）店也可称为美发美容中心、美容城、美发美容公司等。

二、开业要求

（1）网点开设应符合由区（县）商业主管部门会同规划和房地（产）等部门提出的服务网点设置规划，各街道、乡镇根据本地区实际，具体设置落地。

（2）网点的物业使用应当符合规划要求或房地产权证书上载明的用途，具有符合使用性质的房地产权证书或其他合法权属证明。

（3）网点开设应向环保主管部门申报环境影响评价文件，并通过受环保行政主管部门委托的所在地街道、乡镇综合治理办公室组织的评估程序。应向卫生行政主管部门申办《卫生许可证》，并到工商行政管理部门办理注册登记。

（4）服务网点在装修改造时，应同时落实环境影响评价文件及其审批部门在审批意见中提出的环境保护要求。并经原审批环境影响评价文件的环保行政主管部门验收后，方可开业经营。

三、行业管理要求

网点开设应取得本地美发美容行业协会依据本标准所列的专业条件、从业人员岗位技能要求、经营管理要求等项内容的评估意见书，并与行业协会签订行业自律承诺书。

（一）经营服务场所

（1）营业面积和席位应符合下列条件

美容店面积不少于 $50m^2$，美容席位不少于四个；

美体瘦身店面积不少于 $60m^2$，美体席位不少于四个；

综合性美发美容店面积不少于 $80m^2$。

（2）洗头区、顾客等候区等其他辅助服务设施区域不得低于 $5m^2$。不得设暗间服务。

（3）行业标志明显，店招店牌等服务标志按规定设置，完好整洁，且应与执照核准的名称相符合，工商营业执照、卫生许可证等均要明示。

（4）室内整洁，通风良好，光线充足，温度适宜，排水设施畅通。

（5）新建美发、美容店周边 5m 范围内不得有公用的厕所、垃圾箱、粪池以及产生有毒有害气体的污染源。

（6）布局合理，按照服务流程设计各服务功能区，休息区域应占营业面积的 10% 以上。

（7）美容店、美体店和十个席位以上的美发店应设厕所。

（8）污水应当经预处理后纳入城市污水管道集中处理，不能纳管的应自行处理达到 DB 31/199 标准的规定。

（9）中心城区不得安装使用燃用非清洁能源的炉灶。锅炉大气污染物排放应符合 GB 13271 标准的规定。

（10）边界噪声应符合 GB12348 标准的规定；如有振动影响的，应符合 GB 10070 标准的规定。

（11）空调安装使用应符合 GB17790 标准的规定。

（12）安装、改装店招店牌应符合市容环卫管理部门有关规定。

（13）建筑物外立面保持完好、整洁、美观。

（二）经营服务设施

（1）与经营服务项目相适应的设备仪器和用具用品齐全。

（2）经营服务中所使用的各种专业设备仪器、用品用具应符合国家有关标准。

（3）上下水道畅通，营业用水温度适宜、稳定，供应有保证。

（4）经营场所层高不得低于 2.6m，采光良好。

（5）备有必要的消防安全设施，符合《中华人民共和国消防法》等消防法规要求。

（三）服务卫生要求

（1）毛巾定期更换，保持干净；理发、烫发、染发的毛巾和用具应分开使用，清洗消毒后分类存放。

（2）美容工具应做到一客一换一消毒，美容工具配备的数量应满足消毒周转所需。

（3）消毒箱和消毒设备齐全，并有相应的保洁措施。

（4）直接为顾客服务的从业人员应每年进行健康检查，并持《健康合格证》上岗，操作符合卫生要求。

（5）供顾客使用的化妆品应符合 GB7916 的规定。

（6）落实市容环境卫生责任区制度，做到内外环境整洁，室内配有垃圾箱（桶）。

（四）人员职业资格要求

（1）上岗人员符合国家职业标准要求，具备由国家认可的发证部门核发的相应职业资格证书，持证上岗。

（2）提供美容服务的店应配备 2 人以上具有国家劳动部门颁发的美容师《职业资格证书》的从业人员。

（五）从业人员岗位技能要求

1.经营管理人员

了解国家和行业主管部门有关美发美容行业的各项法律、法规和规定，规范经营。掌握企业管理、经营项目的有关专业知识及专业技术。

2.美容技术人员

（1）掌握皮肤结构、皮肤种类、头部骨骼、肌肉构成、身体经络和穴位，以及多种按摩手法。

（2）能鉴定各种皮肤类型，并根据鉴定结果制定合理的护肤计划。

（3）能独立进行护理美容、修饰美容、文饰美容、健康美容、塑身美容等操作。

（4）掌握生活妆、职业妆和晚妆的基本化妆技能。

（5）掌握本企业所使用的各种护肤品的成份、性能、特点和使用方法；能根据不同的皮肤特点，选择适合的护肤品。

（6）能正确使用设备、用品和用具，并掌握其维护、保养、清洗、消毒方法。

3.美体瘦身技术人员

（1）掌握皮肤结构、头部骨骼、肌肉构成及经络、穴位的一般常识，了解一般化妆、美容、护肤的操作规程、操作要求、操作方法和质量标准，能根据顾客的不同皮肤选择合适的护肤用品。

（2）熟悉各种用品的性能、成份、特点和使用方法。

（3）正确操作有关的美容、美体仪器设备，并能进行一般的维护、保养、清洗、消毒等工作。

4.其他服务人员

（1）身体健康，定期进行健康检查，个人卫生符合专业服务要求。

（2）了解本单位的经营管理制度、职业道德规范和接待服务礼仪。

（3）熟知国家对该行业的卫生要求，严格做好各项卫生工作。

四、经营管理要求

（1）严格按照政府的有关法律、法规和行业的规定组织经营和管理，有健全的规章制度和各工种的操作程序、质量标准、服务规程。

（2）广告宣传应符合《广告法》，不得夸大、虚假和欺诈。

（3）有完善的财务制度、营业结算制度和保护宾客财物的制度。

（4）各工种服务人员的配置应与经营项目相适应，上岗人员应着装整洁，并佩带服务标志。

（5）卫生消毒设施设备保持齐全完好，有检查和维修制度。

（6）应明示本企业的营业时间、服务项目、收费标准和注意事项。

第二章　美容院的人员架构与制度

> **本章学习目标**
>
> 1. 了解美容院人员组织构架、岗位职责范围
> 2. 掌握美容院的管理制度

第一节　美容院人员组织构架和岗位职责

美容院的人员组织构架如图 2-1 所示。

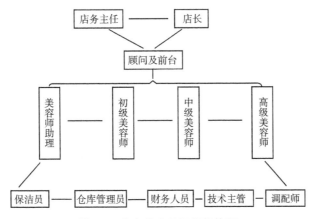

图 2-1　美容院人员组织架构图

一、店长职责

（1）培养、储备各岗位合适的人才，做到各司其职、各尽其能；

（2）督导员工工作的执行和落实，调动员工协作精神，创造最佳业绩；

（3）了解行业的信息动态，并提出相应的对策与建议；

（4）合理安排员工作息时间，严格考勤制度；

（5）处理各种突发事件的应变能力（客诉）、协调员工关系，增强团队精神；

（6）定期举办各种培训（销售等），丰富员工的生活和提升专业度；

（7）针对店内客户的需求，定期制定合理的促销方案，提报到公司；

（8）具备对外事物的接洽、促成和解决能力；

（9）定期向上级主管汇报日常管理工作中所存在的问题，并提出解决问题的方案与建议；

（10）店务管理工作的执行；

（11）员工排班表、休假安排、仪容仪表的检查等；

（12）卫生区域的分配、监督、检查；

（13）每周周会的主持。

二、顾问职责

（1）专业知识、技术的熟练掌握；

（2）客户咨询、客户数据、前台产品的管理；

（3）做好电话预约和客户登记服务；

（4）定期有计划的电话拜访客户（生日、特别节日、回访等），并做好详细记录；

（5）各种相关报表的完成；

（6）协助店长做好店务管理工作；

（7）店面服务项目及产品的销售。

三、美容师职责

（1）准时上班，淡妆、笑容亲切、着装整齐、洁净，保持良好的精神状态；

（2）服从上级主管的工作安排，遵守店内规章制度；

（3）提供热情周到、体贴入微、宾至如归的服务和技术，创造最佳业绩；

（4）严格执行"客人进店标准服务流程"之规定，保证服务质量；

（5）诚恳征询客人意见和建议，了解客人的需求，并及时向上级主管回馈信息；

（6）面对投诉，应保持良好的心态，并及时改正；

（7）认真学习各项专业知识、技术，积极考核，提高自身素质和专业技能；

（8）详细填写各种表格，任何问题应随时和店长沟通；

（9）不可探听、议论客人的私事；

（10）维护公司形象，保守店内之机密，严禁外传；

（11）协助店长及其他岗位人员做好店内工作。

四、调配师职责

1. 调配室进货流程

（1）保证安全库存的产品，如有缺货应及时补上，不可全部用完后再报告；

（2）进货时，填写进货申请单，由店长签字确认后交仓管出货；

（3）每天进、出物品应及时做好准确记录。

2. 调配室的盘点

（1）每日营业结束前，根据三联单的存根填写"调配用量控制表"，便于月底和财务核对用量，以控制成本；

（2）每月月底做一次大盘点，包括产品、用具、器具，并将明细（短缺数量、赔偿等）报备店长；

3. 调配员应注意事项

（1）调配师应根据前台开设的处方在10分钟内将产品（按处方顺序排列清楚）、所需要用到的器具配置一次到位，送至客房；

（2）进客房前，动作应轻，笑容亲切，告知客人自己的工作职务和姓名；

（3）调配产品时应严格按标准用量执行，控制好成本；

（4）收回器具时应——核对，数量不对时应及时告知美容师，否则由调配员负责按原价赔偿；

（5）调配房应随时保持洁净、所有器具及时清洗干净，放入消毒柜中消毒；

（6）库房的所有产品应坚持"先进先出"的原则。

五、财务职责

（1）详细、准确无误的填写各类相关表格；

（2）控制店内各种支出，降低成本；

（3）积极参与店内的一切活动，融入团队；

（4）精准核算员工薪资、奖金，并及时沟通。

六、技术主管职责

需熟练掌握店面项目专业及技能，定期对店面美容师进行专业技能的培训和考核，保证美容师专业丰富，技法精湛且标准一致。

七、卫生主管职责

每天将店内的功能区域制定分配给美容师定期打扫和维持，并检查，以确保店内卫生时时保持干净整洁。

在美容院，也会根据各店不同情况，一个工作人员承担多个岗位的情况，如美容师身兼技术主管、店长身兼财务人员等，不论什么情况，大家都要各司其职，相互配合，保证店面的正常运转。

第二节　美容院的管理制度

（1）工作态度：严格遵守公司的规章制度、工作积极主动、有责任心和协作精神；

（2）保持洁净、舒适的工作环境；

（3）上班时间不可睡觉、喧哗、擅离工作岗位，影响工作秩序；

（4）不可私取、私用店内物品；

（5）服从主管工作安排，不得有任何理由拒接客人；

（6）上班时间若有事需要外出应上报主管，同意方可离开；

（7）领用办公用品时应填写申请单，报店长批示后，方可领用；

（8）工作时间应选择轻音乐播放，且音量适中；

（9）营业区内禁止所有私人活动，如化妆、吃东西、接打个人电话等；

（10）非值班人员不得在前台逗留、闲聊，有事应到员工休息室或办公室处理；

（11）除调配师外，其他人不得进入调配房；

（12）除店经理、店长、顾问、仓管以外，其他人不可使用前台电脑；

（13）任何人不得使用店内电话接、打私人电话；

（14）接听电话，声音要清晰、亲切，语气委婉客气，用词礼貌得当，长话短说；

（15）不得因任何理由与客人争辩、讨论客人的私事；

（16）不得在客人面前批评公司或同事；

（17）来访客人（公司同事），应礼貌接待，请坐倒茶，并尽快通知被访人员；

（18）不得随意改变店内服务项目及产品的价格；

（19）顾客寄存衣物时，应提醒客人将贵重物品妥善保管，将钥匙交给顾客；取物时，对正确牌号，若发生错误，应立即通知店长；

（20）客人离开时应及时整理房间、将所有物品及仪器归位，关灯、空调，清洗使用过物品后交回调配室。及时补充存物柜内的客袍、拖鞋、毛巾等；

（21）房间床单、毛巾一人一换；

（22）值班美容师半小时轮班一次，离岗时应通知下一位值班人员后方能离开；

（23）晚班值班人员应关闭所有的灯、空调、电器设备等；

（24）美容师值班时间：根据各店面之规定，普遍情况是上午9:00—下午21:00。

第三章　美容院的接待与咨询

本章学习目标

1. 掌握美容院接待基本内容及要求
2. 掌握美容院顾客资料登记表的制作、填写
3. 掌握皮肤类型的鉴别方法
4. 掌握面部皮肤护理方案的制定

第一节　美容院接待基本内容及要求

一、接待程序

迎宾→顾问咨询→确定项目→开工作单→带顾客更衣淋浴→美容师服务→顾问跟踪→买单（预约）→送客（顾问、迎宾、前台）。

（一）迎宾

注意事项：

迎接人员在三米远的距离面带微笑，双手向内打开店门，迎接顾客，其他人员看到顾客进店应全体起立。

话术："您好，欢迎光临××××"！

（二）请顾客在休闲区就坐

注意事项：

随声问好，带顾客到接待（区）去入座，并问顾客是否预约及预约姓名。

注：一定要记住老顾客的称呼。

场景1：不认识的顾客

话术：

"×× 姐，您先请坐，请先喝杯茶。您有预约吗？"

场景2：老顾客

话术："×× 姐，请出示一下您的会员卡。"

　　引导：明确顾客的服务要求后，将其引领至护理区域接受美容师的护理服务。引导的手势及动作是体现接待美容师修养的一个重要环节。引导的基本要领有三点，即清楚、适当、让顾客感觉舒服。正确的引领方法：礼貌对顾客说："请您跟我来，这边请"，走在顾客左前方，视线交互落在顾客的脚跟或行进方向之间，碰到转角或台阶时，要目视顾客，并以手势指示方向，对顾客说"请这边走""请注意台阶"之类的提示语。引导至服务点如需推门，则应以左手轻轻推转门右侧方的把手，顺势进入，换右手扶住门，同时左手做出引顾客进门的姿势，侧身微笑招呼顾客"请进"，等顾客进门后，面向顾客退出，并随手将门轻轻带上。引导顾客的整个程序应流畅，自始至终笑容可掬、言语诚恳、礼貌周到、有礼有节、亲切随和，这样可以加深顾客的好感。

（三）为顾客倒水、换拖鞋

　　注意事项：

　　美容师请顾客坐下后，先送上一杯花草茶，等顾客喝完水后，为顾客换上拖鞋。

　　话术："姐，这是我们一客一换已消毒的拖鞋，请放心使用。"

（四）带顾客到顾问间

　　注意事项：

　　（1）老顾客：了解皮肤→设计疗程→开工作单。

　　（2）新顾客：顾问自我介绍→了解顾客是如何了解我们店的→介绍公司的企业文化→带顾客参观→了解顾客皮肤及建议适合项目→简单介绍会员卡项及店内活动→开单。

　　话术："姐，这边请，这是我们××美肤专业顾问，××顾问"。

　　"××顾问，这是××姐"。

（五）准备护理

　　注意事项：

　　（1）确定项目后，顾问通知前台安排房间和美容师（准备浴巾，毛巾，一次性内裤）；

　　（2）前台通知美容师到顾问间，认识顾客并带顾客更衣淋浴；

　　（3）美容师检查房间，准备物料后在浴室门口等待。

　　话术：美容师："××姐，我带您去更衣室，这边有一客一换已消毒的浴袍和一次性毛巾，请放心使用。"

　　顾问："××姐，这边是带锁的衣柜，请将随身衣物和贵重首饰放入衣柜中的手饰盒锁好，钥匙请挂在您的手腕上。"

　　美容师："××姐，我去为您准备产品，十分钟后回来接您。"

　　（4）顾客进房间的路上：在走廊碰见客人需礼貌问好微微点头，面带微笑弯腰说："您好！"

（六）顾客在房间

　　注意事项：

　　顾客洗浴完毕：美容师帮顾客擦干头发，带顾客到房间，协助顾客躺下、盖好浴巾，询问顾客灯光、温度是否合适，向前台报时，消毒双手，开始护理工作。

话术：姐，您好，我是今天专属为您服务的美容师××，您今天做的是××疗程，时间是××分钟，现在是××点，××点结束，请您监督。

（七）护理结束

注意事项：

（1）护理结束，扶顾客起身，向前台报时，询问护理后的感觉，并赞美顾客护理后的皮肤及精神状态；

（2）美容师带顾客更衣，并提示顾客不要忘记贵重物品；

话术："姐，您今天做的××护理已经结束了，我扶您起来。您这次做完后效果非常明显，整个人看上去非常精神。"请带好您贵重物品，我带您去更衣室。

（八）顾客确认消费签字

注意事项：

顾客更衣完毕，顾问带顾客到休闲区享用粥品和点心。

新顾客或有意向的老顾客：达成护理疗程→填写档案→前台收银→填写单据→帮顾客预约下次护理时间。

老顾客：赞美顾客→了解顾客对本次护理的满意度→填写单据→帮顾客预约下次的护理时间→到前台签字。

（九）礼送宾客

注意事项：

顾问送顾客到门口，前台所有人员齐声说："请慢走，欢迎下次光临！"送客人员，面带微笑，双手向外打开店门，目送顾客离开直到看不见顾客。

二、美容院电话礼仪

1.接听电话的技巧

电话联络在美容院运用较多，通过电话交流，既可了解顾客的信息，又可联络相互间的感情，拉近距离。顾客打进电话多是出于想要咨询一些美容问题、了解美容项目及产品价格或提前预约等原因，因此接听电话就有一定的讲究，要有技巧性和艺术性。

人们在电话交谈时，是通过声音了解对方的意图、性格、情绪、表情、心境，凭声音想象对方的形象，即"电话形象"。因此美容师在接听电话时务必注意塑造自己的"电话形象"。良好的"电话形象"能体现出美容师的文化素质、风度、业务能力及礼仪修养，同时代表了美容院的形象。美容师可以借助礼貌、热情诚恳、亲切柔和的语言塑造自己彬彬有礼、热情随和的"电话形象"，切忌态度粗暴、心不在焉、言语唐突、词不达意、模棱两可，损害自己及美容院的形象。

2.接听电话的基本要求

（1）电话响两声必须拿起，这是一种礼貌：如果有事拖延，等电话铃响过好几遍才去接，应首先向对方表达令其等待的歉意。

（2）主动报名：拿起电话筒时应先说"您好"，接着报清美容院及自己的称呼。

（3）声音亲切：声音要亲切柔和，语调和缓，语速适中，吐字清楚且面带微笑，微笑时的声音可以通过电话传递给对方一种温馨愉悦之感。

（4）专心致志：听对方讲话时要专心致志，切忌心不在焉或马虎应对。

（5）认真记录：在手边准备好纸和笔，对顾客的问题要随时记录，并做出正确理解，明白其意图。

（6）表达清晰：讲话要清晰、有条理，口齿清楚、吐字干脆，不要含含糊糊。语言表达尽量简洁明白，切忌啰唆。

（7）有耐心：当顾客讲话比较啰嗦时，仍耐心对待，切忌打断对方的讲话。通话结束时，应等对方放下话筒后才能挂上电话。

第二节　制作、填写美容院顾客资料登记表

一、顾客资料登记表的作用

（1）对顾客：是美容接待服务工作中一个非常重要的环节，是开展专业护理的第一步，为日后护理服务提供重要依据。

（2）对店面：通过登记表所建立的详实、可靠的顾客资料库是美容院宝贵的无形资产，美容专业形象的体现。

二、顾客资料登记表的内容

1. 顾客基本信息

包括姓名、生日、家庭住址等，以备顾客生日祝福、寄送生日礼品等。

了解顾客皮肤状况，搭配护理项目，以备录。

2. 面部皮肤记录

3. 身体情况记录

皮肤问题往往与身体状况密切相关，了解到顾客身体的健康状况，通常可以找到产生皮肤问题的根本原因，护理时给予顾客一些改善身体亚健康方面的建议，标本兼治，往往可以达成明显和彻底的改善。记录的内容应包括有无慢性疾病、妇科病、是否长期服用药物、饮食结构、生活习惯等。

4. 护理方案（建议疗程）

为顾客设计具体合理的护理方案及护理疗程，包括仪器的选择、手法运用、护肤品的选用等。护理方法若有改变，应记录改变护理方式的日期、原因及功效。

5. 既往美容护理史

包括家居护理及既往的美容院护肤历史。

6. 护理记录或效果分析

对每一次的护理情况做详细记录。包括：购买产品记录；留存产品记录；面部护理记录；胸部护理记录；美体、SPA记录；纤体瘦身记录；驻颜项目记录；赠送项目及余额记录等。

7. 顾客服务意见反馈表

顾客对护理疗效、产品、服务、管理等方面的意见和建议及反馈相关信息，同时负责推荐项目及项目推荐后的跟进。

三、填写顾客资料登记表时应遵循的要求

（1）初次填表顾客和老会员顾客要有不同的填写重点。

（2）告知顾客填写资料登记表的作用。

（3）字迹清晰、干净，不可随意涂改。

（4）填写及时、真实、准确、翔实。

（5）顾客登记表要按一定的顺序编辑号码，便于查找及计算机管理。

（6）填写内容要征询顾客的意愿，切忌强制记录。

（7）遵守职业操守，对顾客资料信息严格保密。

（8）填写涉及敏感内容，用词一定要婉转，仔细斟酌。

四、顾客档案管理的意义

建立完善的顾客档案管理系统和顾客管理规程，对于提高营销效率，扩大市场占有率，与顾客建立长期稳定的情感，具有重要的意义。

顾客肌肤记录档案

护理日期：＿＿年＿＿月＿＿日　　护理卡号：＿＿＿＿＿＿＿

姓名：＿＿＿＿＿　性别：＿＿＿　出生日期：＿＿＿＿＿＿＿

电话：＿＿＿＿＿　职业：＿＿＿　婚否：＿＿＿＿＿

联系地址：＿＿＿＿＿＿＿＿　电子邮箱：＿＿＿＿＿＿＿＿

顾客皮肤状况：

1. T字部位的皮肤
   □毛孔　□油份　□粉刺　□黑头　□暗疮　□水份　□皱纹　□色斑
2. 两面颊皮肤
   □毛孔　□油份　□粉刺　□黑头　□暗疮　□水份　□皱纹　□色斑
3. 眼部皮肤
   □水份　□干纹　□皱纹　□眼袋　□黑眼圈　□脂肪粒
4. 皮肤性质
   □干性　□中性　□油性　□混合性
   □敏感性　□暗疮性　□衰老性　□松弛性
5. 颈部皮肤
   □皱纹　□水份　□弹性　□松弛

   希望解决的问题是：

护理史：

曾经在美容院护理项目：＿＿＿＿＿＿＿　家居使用产品：＿＿＿＿＿＿＿＿

过敏治疗史：＿＿＿＿＿＿＿＿＿＿　嫩肤治疗史：＿＿＿＿＿＿＿＿＿＿

养生	饮食喜好	饮水量：□多　□一般　□少　□不太饮水　□每天八杯
		蔬　果：□经常吃　□很少吃　□少吃五谷
		口　味：□清淡　□浓　□甜　□辣　□酸　□油炸
	运动习惯	□经常　□偶尔　□没有
	生活习惯	□生活规律　□经常熬夜　□不吃早餐　□经常在空调及电脑前工作
	睡眠状况	□良好　□一般　□差　□经常多梦
	月经情况	□量多　□量少　□色深　□色鲜红　□有血块　□痛经　□腹胀　□腰酸
	大便情况	□便秘　□腹泻　□便溏　□无规律

第三节　皮肤类型的鉴别方法

皮肤鉴别的目的，是确定皮肤的状况及类型，以确定正确的护理方案、选择正确有效的护肤品。所以检查皮肤时必须谨慎。

一、为顾客检查皮肤前，须进行的清洁步骤

（1）用酒精消毒双手，然后抹干，才开始工作。
（2）在顾客双眼处放上眼垫，以保护双眼免被放大灯光或活特氏灯光所刺激。
（3）让顾客了解你在进行哪一种皮肤分析，细察脸部与颈部的皮肤。
（4）利用双手的接触，让皮肤组织及毛孔的大小显示出来。

二、皮肤鉴别的常用方法

1. 目测法

（1）直接观察法：肤色均匀度、纹理粗细、毛孔大小、光泽度、出油量、有无瑕疵等。
（2）吸油纸擦拭法：将脸洗净后，不涂抹任何护肤品，观察皮脂腺的分泌情况。经过20分钟后用干净的吸油纸分别按额头、面颊、鼻翼、下颌等部位，观察吸油纸上的油污的量。

2. 仪器检测法

（1）美容放大镜观察法：洗净皮肤后，待皮肤紧绷感消失后，在放大（镜）灯下观察皮肤的纹理及毛孔状况。
（2）美容透视灯观察法：美容透视灯内装有紫外线灯管，紫外线对皮肤有较强的穿透力，可以帮美容师了解到顾客皮肤表面和深层的组织情况。不同类型的皮肤将在透视灯下呈现不同的颜色。使用时，应遮住双眼，以防紫外线刺伤眼睛。
（3）计算机显示器观察法。

三、帮助皮肤分析的资料

（1）年龄：客户资料越准确就越容易诊断，从客人脸部表情呈现的弹性、皱纹以及皮肤状况而决定选用哪一种护理。
（2）职业：需要轮班的职业，影响正常的作息及饮食，容易引起内分泌紊乱或失调。而工作压力较大、节拍紧张的职业同样有以上的影响。美容师必须建议客人保持心情愉快、有健康及适量的运动，松弛紧张。
（3）生活及饮食习惯：喜爱夜生活、酗酒、吸烟、偏食或饮食不定时、滥用药物等习惯，都是保养皮肤青春美丽的大敌。
（4）病历：皮肤就如身体内部的镜子，不同的皮肤瑕疵大部分都与体内的不平衡息息相关。如体质改善了，皮肤的问题亦随之迎刃而解。

四、判断皮肤类型

在通常情况下，人们根据皮肤的含水量和皮脂的分泌量来区分皮肤的类型。在美容皮

肤科学上将皮肤分为五种类型：中性皮肤、干性皮肤、油性皮肤、混合性皮肤和敏感性皮肤。也有人在此基础上进行进一步细分，为偏油性、超油性、偏干性、超干性皮肤。

中性皮肤判断方法：

（1）肉眼观察法：肉眼观察，皮肤既不干燥又不油腻，皮肤洁白红润，表面光滑细腻，富有弹性，不易出现皱纹。

（2）洗脸法：洁面后 30 分钟紧绷感消失。

（3）放大灯观察法：放大灯下观察，皮肤幼滑均匀、湿润，毛孔幼细，没有暗疮，不油不干，厚薄适中。

干性皮肤判断方法：

（1）肉眼观察法：肉眼观察，皮肤细腻、干燥、脱屑、缺少油脂、无光泽，易老化出现皱纹。

（2）洗脸法：洁面后 40 分钟紧绷感消失易皲裂、脱屑。

（3）放大灯观察法：放大灯下观察，皮肤没有明显的毛孔，毛细血管扩张，皮肤很薄，但呈现屑片，容易敏感，眼部及颈部会出现幼纹或皱纹。

油性皮肤判断方法：

（1）肉眼观察法：肉眼观察，皮肤油腻、粗糙、毛孔粗大（皮脂腺开口），皮肤有光泽、弹性好，不易衰老，不易产生皱纹；

（2）洗脸法：洁面后 20 分钟紧绷感消失。

（3）放大灯观察法：放大灯下观察，皮肤较厚粗糙而不平滑，油份多，毛孔粗大，有黑头、油脂和暗疮。油性皮肤大多是青春期或荷尔蒙分泌转变，导致油份分泌过多，而产生皮脂漏或暗疮。

健康皮肤的标准：

皮肤护理的最终目的就是使肌肤健康、清洁、滋润且富有弹性。

1. 皮肤的健康

健康的皮肤必须具备 3 个条件：

（1）肤色正常，黄种人应该是微红稍黄色。

（2）无皮肤病，皮肤不敏感，不油腻，不干燥，无暗疮，无酒渣鼻。

（3）具有生命活力，肤色红润，有光泽。

2. 皮肤的清洁

皮肤表面无污垢，无斑点，无异常凹凸不平。

3. 皮肤的弹性

提起皮肤，然后放开，若立即平展则皮肤弹性好。皮肤有弹性则表面光滑、柔软，不皱缩，不粗糙。

4. 皮肤的滋润

皮肤的含水量约占人体全部重量的 1/4。

总而言之，健康的皮肤红润光泽，柔润细腻，结实而富有弹性，既不粗糙也不油腻，有光泽感而少皱纹。同时，皮肤耐老性好，衰老缓慢。

五、认识常用的皮肤测试仪器及产品

第一代：纯光学仪器

作为最初的皮肤测试仪，最初是采用普通的放大镜，需要由外部环境光做光源，因此环境的光线不足对检测的影响很大。

第二代：电子仪器

随着电子科技的发展，原来的光学仪器结合了电子技术发展成第二代的皮肤测试仪，它由光学部件组成镜头，由电子元件完成信号采集转换、甚至临时储存的功能，然后通过显示仪器显示出来。

此时也出现了很多便携式测试仪系列，不需要连接电视或电脑，功能单一，使用方便，例如：SMH 水分计、SCALAR 电子数字皮肤水分计、CK 的油分测试仪等等，它们使用液晶显示屏，功能单一，数字显示精确、直观，从出现至今都深受欢迎。

第三代：电子计算机技术

计算机的出现大大推进了社会的发展，也使皮肤测试仪进入了智能时代，使更多的人可以方便的掌握皮肤诊察的应用。这一代技术的出现，大大改写了皮肤测试的历史，产品也越来越丰富，涵盖了小型数字化的测试仪，USB 接口的便携式智能测试仪，台式专用电脑皮肤测试仪 ETUDE 综合咨询指导系统，MAUPLUS 智能化测试分析系统。

无须专业培训，电脑自动侦察分析；

可以储存客户档案、测试资料，并打印诊察报告；

采用与计算机连接，无须外接电源，可配置合手提电脑在各种环境下应用；

可以自动推荐产品，并可做公司形象、产品宣传；

开放式分析系统让使用者不断完善升级自己的系统。

第四代：移动显微技术

在第三代基础上发展而来，计算机的微型化也使得皮肤测试智能出现移动的时代，这时候开始出现日本的 MSAPRO 皮肤测试仪、数码移动显微系统，使外出的人可以方便的掌握皮肤的状态，但由于技术较新，现阶段的价格仍然昂贵，相信随着科技的进一步发展会使应用越来越广泛，并将会与 3G 移动技术结合。

（一）便携式测试仪

1. 产品优点

（1）无须安装，可以独立使用；

（2）多数便携式测试仪投入资金相对较少；

（3）无线便携式，可以随身携带，在各种场合适用；

（4）多数是数字式准确测量，可以配合专业的测试软件在电脑上完成储存等功能，组成完善的测试系统；

（5）无须掌握计算机或其他专业知识。

2. 产品缺点

功能单一，单独使用时，无法储存客户档案、测试资料，无法打印诊察报告和推荐产品。

（二）电视专用测试仪

1. 产品优点

（1）安装简单，只要连接电视机和电源就可以使用；

（2）只需普通的彩色电视机，而不需要采购计算机系统，投入资金少；

（3）无须掌握计算机知识。

2. 产品缺点

（1）需使用者熟练掌握专业知识，需要很多的精力和时间进行较长时间的培训；

（2）企业用户由于使用者的离职、离开，造成测试资料、经验的损失，新的使用者需要重新培训；

（3）只能在电视机做临时定格显示，做人工分析；

（4）无法储存客户档案、测试资料，无法打印诊察报告和推荐产品。

（三）电脑专用测试仪

1. 产品优点

（1）可以储存客户档案、测试资料，并打印诊察报告；

（2）多采用 USB 接口与计算机连接，无须外接电源，可配合手提电脑在各种环境下应用；

（3）配合专业的测试软件可以满足很多需求：自动推荐保健产品，并可做公司形象、产品宣传；开放式分析系统让使用者不断完善升级自己的系统；无须太专业培训。

2. 产品缺点

（1）需要使用者具备基本的计算机知识；

（2）需要购买整套计算机，总投资比购买电视机大。

（四）专业测试仪

1. 产品优点

（1）产品从外观到功能，从性能到使用上更加专业；

（2）性能优越，最专业，适用于高要求的场合。

2. 产品缺点

功能特殊，有时应用面相对小，价格昂贵。

（五）大型全脸测试仪

1. 产品优点

采用超高清晰度数码成像技术，普通光源、UV 光源拍照，迅速对全脸进行图像采集，采用图像模糊分析技术，进行数据分析。

2. 产品缺点

体积较大，不适宜携带；价格昂贵。

第四节　面部皮肤护理方案的制定

在专业美容院里，美容师会面临各种顾客的皮肤问题，通常由顾问或美容师先制定出护理方案，在顾问的指导下，美容师按照方案一步步进行专业护理。

一、护理方案的内容主要包括

1.基本信息的填写

基本信息的填写是为了后续跟进服务的需要。

2.皮肤的基本状况的填写

是制定最佳皮肤护理方案的基础和重要保障,美容师需要熟知各类皮肤的特点、测试方法及诱发因素的判断,包括皮肤类型,皮肤的主要问题、部位以及产生问题的原因、时间。

3.身体状况的填写

了解顾客的身体状况有利于了解皮肤问题的根本原因,在制定面部护理方案时,配合身体亚健康养生调理,效果更明显、更彻底。

4.护理方案及建议

根据以上信息的收集与了解,给予顾客一套全方位的护理方案,有利于美容问题的解决。护理方案主要包括:美容院专业皮肤护理、美容院专业养生护理、家庭日常护理。

5.后续服务跟踪记录

顾客来店实施以上专业护理时,需做好以下记录:

(1)认真记录每一次护理的时间、项目、金额、特殊情况,并请顾客签字确认。

(2)认真记录每一次专业护理前后的皮肤变化,有利于及时修正护理方案。

(3)顾客的每一次产品购买记录,有利于指导顾客正确的家庭保养及消费。

二、制定护理方案时的注意事项

(1)处理复杂皮肤问题时,以主要皮肤问题为主,如暗疮与黑斑同时存在的皮肤,先解决暗疮问题;干性与黑斑同时存在时,先补水滋润,再美白祛斑。

(2)护理过程中要详细记录每一次护理前后的皮肤状态,特别是出现特殊状况时,如出现红肿、起皮屑、痒等现象,应及时调整护理方案及家护产品。

三、面部皮肤诊断护理表

诊断	诊断过程	皮肤测试方法	检测结果
		目测法	
		纸巾擦拭	
		美容放大镜观察	
	诊断结果		
护理方案	专业护理方案		
	家居护理方案		